Die deutschen Kampfflugzeuge im Einsatz 1935-1945

Manfred Griehl/Joachim Dressel

Markt 9, 6360 Friedberg/H. 3, Tel. (0 60 31) 31 31, Fax (0 60 31) 6 29 69
Verantwortlich für den Inhalt sind die Autoren.
Schutzumschlag-Bild: Horst Helmus
Satz: PODZUN-PALLAS-VERLAG
Willi Keller, 6473 Gedern/O.-Seemen, Tel. (0 60 45) 79 79
Technische Herstellung: Buch- und Offsetdruckerei Kölle Druck GmbH, 4994 Preußisch-Oldendorf
ISBN: 3-7909-0398-1

Manfred Griehl/Joachim Dressel

Die deutschen Kampfflugzeuge im Einsatz 1936-1945

Planung — Flugzeugmuster — Produktion — Entwicklungsabläufe — Ausrüstung — Umrüstung — Pilotenausbildung — Flugschulen — Schulflugzeuge — Einsatzphasen in Foto-Sequenzen — Wartung — Beladung — Instandsetzung — Flugunfälle — Sonderanstriche — Einsätze — das Kriegsende

PODZUN-PALLAS

Inhalt

Vorwort 7

Pilotenschulung 8

Ausbildung zum Einsatzpiloten 8
Schulflugzeuge der Luftwaffe 9
Schul- und Ergänzungsverbände 12

Die Erprobung 27

Von der Ausschreibung zum Prototyp 27
Die Werkserprobung und das K.d.E. 29
Die Erprobungsstaffeln der Luftwaffe 39

Produktion 51

Die deutschen Flugzeughersteller und ihre wichtigsten Produkte 51
Dislozierung der Produktion 55
Flugzeugausrüstung und Bewaffnung 56
Abwurflasten und Lufttorpedos 61
Rohr- und Raketenbewaffnung 70

Die Luftwaffe im Einsatz 115

Verbände und Gliederungen der Luftwaffe 115
Vom Blitzkrieg zur Defensive 117
Neue Aufgaben und Taktik 1944/1945 157

Bildnachweis 195

Vorwort

Über die deutsche Luftwaffe ist bis heute eine Vielzahl von Büchern und Dokumentationen erschienen. Mit dem vorliegenden Buch entstand ein Bildband, der insbesondere dem Modellbauer an Hand verschiedener Szenen wertvolle Anregungen für den Dioramenbau vermittelt und gleichzeitig interessante Fotos und Daten vorstellt. Das Buch bietet Antworten auf eine Vielzahl von Fragen hinsichtlich Aufbau, Ausrüstung und Einsatz der unterschiedlich ausgerüsteten Luftwaffen-Verbände.

Für die Erstellung dieses Buches sind wir besonders den Herren G. Aders, N. Arena, U. Balke, C.E. Charles, E. Creek, H.P. Dabrowski, der Dornier GmbH, K. Francella, Dr. Wustrack von der Flughafen Frankfurt AG, B.A. Filley, H. Grimminger, P. Heck, Dr. A. Hiller, den Henschel-Werken, P.K. Herrendorf, Dipl.-Ing. K. Kössler, B. Lange, R.P. Lutz Jr., J. Meier vom Deutschen Aero Club e.V., Messerschmitt-Bölkow-Blohm, der MTU, van Mol, F. Müller-Romminger, P. Petrick, W. Pervesler, J. Prowan, R. Olejnik (gest.), G. Ott, W. Radinger, H. Riediger, Ch. Regel, H. Schliephake, Ph. Schreiber, F. Selinger, R. Smith, ferner Herrn D. Herwig vom Deutschen Studienbüro für Luftfahrt und B. Lange, H. Sander, H.H. Stapfer, H. Spork, R. Schirer, G. Schlaug, F. Trenkle, H. Thiele, O. Thiele, J. Menke, H.J. Nowarra, F. Marshall, H.J. Meier und F. Trenkle sowie Herrn Dipl.-Ing. Pölitsch (gest.), B. Wittigayer, G. Wegmann, der Wehrbereichsbibliothek IV und der Zentralbibliothek der Bundeswehr sowie Herrn Dipl.-Ing. Zucker (gest.) zu besonderem Dank verpflichtet.

Manfred Griehl
Joachim Dressel

Mainz, im Sommer 1990

Pilotenschulung

Ausbildung zum Einsatzpiloten

In der Weimarer Republik bildeten sich ab 1921 zahlreiche eigenständige Flugsport vereine, die sich bald darauf dem Deutschen Luftfahrt Verband e.V. (DVL) anschlossen. Zunächst gab dieser Prüfungsvoraussetzungen für den A-, B-und C-Schein der Segelflieger heraus. Später wurde dann mit der »getarnten« Motorschulung begonnen. Beispielsweise übernahm die »Deutsche Verkehrsfliegerschule GmbH« in Schleißheim eine wichtige Ausbildungsfunktion in der Nachwuchsschulung, welche mit der B1-Qualifizierung abgeschlossen wurde. Die Fortgeschrittenen-Ausbildung, bis hin zur C2-Erlaubnis, fand gleichzeitig in Braunschweig statt. In Warnemünde und List erfolgte die Schulung auf Seeflugzeugen. Im Jahre 1931 entstand eine ebenfalls »getarnte« Fliegerwaffen-Schule in Braunschweig, da man in Lipzek in der UdSSR längst nicht genügend Kapazität besaß.

Die verschiedenen »Schulen« flogen ein wahres Sammelsurium an Maschinen, von der Arado S Ia über Fieseler- und Raab-Katzenstein-Doppeldecker bis hin zur Udet U 12, ferner Albatros L 102-Doppeldecker, Junkers F 13 und A 48, Dornier Merkur, zur Klemm L 20, 25 und 26. Schließlich noch die verschiedensten Heinkel-Maschinen sowie zum Schluß die Fw 44 »Stieglitz«.

Nach 30 Übungsflügen erhielt der Flugschüler den Zwischenschein, nachdem er den Geschicklichkeits-Schleifenflug sowie drei Ziellandungen fehlerfrei absolviert hatte. Zur Erteilung der »einfachen Erlaubnis« (A1) benötigte man einen Höhenflug auf 2.000 m und einen 300 km-Dreiecksstreckenflug. Die Erlaubnis A2 galt im Gegensatz dazu für Flugzeuge, die mindesten zweisitzig waren. Meist schloß sich der Erwerb der Erlaubnis B1 oder B2 an. Voraussetzung war allerdings, daß der Pilot bereits 3.000 km Flugerfahrung vorweisen konnte und allein einen 600 km Dreieck-Streckenflug in neun Stunden ausgeführt hatte. Außerdem waren 50 Übungsflüge auf B1-Maschinen sowie ein Höhenflug auf 4.500 m vorgeschrieben. Bei der praktischen Prüfung mußte der junge Pilot drei Ziellandungen, zwei weitere bei Nacht und einen Nachtflug von mindestens 30 Minuten Dauer ausführen. Der Erwerb der Erlaubnis B2 war wiederum schwierig, Mindesvoraussetzungen waren 6.000 km Flugstrecke, davon 3.000 km auf B1-Baumustern. 50 weitere Übungsflüge galt es auf B2-Maschinen nebst einigen schwierigen Nachtlandungen zu absolvieren.

Diejenigen Flugzeugführer, welche für große, mehrmotorige Maschinen eingeplant waren, erwarben anschließend die C1-Erlaubnis. Hierzu wurde vorausgesetzt, daß der Pilot bereits 20.000 km, darunter immerhin 6.000 km als verantwortlicher Führer von B-Maschinen geflogen war. Außerdem standen 30 zusätzliche Übungsflüge auf C1-Flugzeugen sowie die Vermittlung allgemeiner Kenntnisse auf dem Gebiet des Flugfunks auf dem Schulungsprogramm. Die C2-Ausbildung baute

wiederum auf der C1-Erlaubnis auf. Außer weiteren 30 Übungsflügen mußte der fortgeschrittene Pilot mehrere 800 km-Dreiecksflüge, einen Nachtflug von 200 km Länge und zwei Flüge mit einem abgeschalteten Motor nachweisen.
Mit Abschluß der hier genannten fliegerischen Ausbildung konnte jedoch nur die sogenannte »einfache Erlaubnis« erlangt werden. Für die besondere Erlaubnis waren 50.000 zurückgelegte Flugkilometer Grundvoraussetzung. Die Kunstflugscheine KI und KII konnten nach 50 bzw. 100 Flugstunden erworben werden und bauten auf den jeweiligen Befähigungsnachweisen in den Flugzeugklassen A bis C auf.
Schon im Herbst 1935 gab es wieder gut ausgerüstete Schulverbände, nachdem am 1. April das Kommando der Schulen seinen Dienst aufgenommen hatte. Neben den reinen A2-Schulen, sieben B2-Ausbildungsstätten kam es außerdem zur Errichtung von vier C2-Schulen. In Brandis und Celle etablierten sich Blindflugschulen sowie in Schleißheim bei München ein Kunstflug- und Jagdfliegerausbildungs-Zentrum. Ferner errichtete man pro Luftkreis eine Fliegerersatzabteilung sowie ab 1936 fünf Luftkriegsschulen. Die Reichsschulen für den Motorflugsport dienten der Erweiterung der militärischen Ausbildungskapazität.

Schulflugzeuge der Luftwaffe

Die Einteilung der Schulmaschinen entsprach zunächst der Flugzeugführer-Erlaubnis und kann leicht aus dem geführten D-Kennzeichen abgelesen werden:

Klasse	Personenzahl	Fluggewicht (kg)	Motorenzahl	Kennzeichen
A1	1-2	bis 500	1	D-YAAA bis YZZZ
A2	1-3	bis 1.000	1	D-EAAA bis EZZZ
B1	1-3	bis 2.500	1	D-IAAA bis IZZZ
B2	4-6	bis 2.500	1	D-OAAA bis OZZZ
C1	6	über 2.500	1	D-UAAA bis UZZZ
C2	6	über 2.500	2 und mehr	D-AAAA bis AZZZ

Davon wichen nur einige der Untergruppen ab. Beispielsweise konnte ein C2-Flugzeug auch mit weniger als sechs Mann auskommen. Vorgeschrieben war in jedem Fall aber eine Funkentelegrafie (FT)-Anlage und mehrere Motoren seitlich der Flugzeug-Längsachse. Während des Krieges wurde diese Einteilung mehrfach geändert und sah 1944 — aufgrund der regelmäßig gestiegenen Fluggewichte — dann wie folgt aus:

	Fluggewicht (kg) bei		Zulässige	
Klasse	Landflugzeugen	Seeflugzeugen	Personenzahl	Flugzeugmuster
A1	bis 500	bis 600	1	Erla 5, Bü 180
A2	500-1.000	600-2.200	1-3	Bü 133, Fw 44, He 72
B1	1.000-2.000	2.200-5.500	1-4	Ar 66, Fh 104, Go 145
B2	2.500-5.000	2.000-5.500	1-8	Fw 58, Junkers W 34
C	über 5.000	über 5.500	beliebig	Ju 52, He 111, Fw 200

Ein »Zögling« der Röhn-Rossiten-Gesellschaft kurz nach dem Abheben. Mit diesen einfach aufgebauten Schulgleitern begannen fast alle Flugzeugführeranwärter ihre fliegerische Grundausbildung.

Das »Baby« II B der Firma Grunau war wahrscheinlich das bekannteste Segelflugzeug. Es wurde oft exportiert und flog noch lange nach dem Krieg. Seine Gleitzahl betrug 1:17. Mit einer Spannweite von 13,57 m und einer Länge von 6,09 m ließ sich der Segler leicht manövrieren.

Dazu sei bemerkt, daß diese Einteilung auch für fast alle Einsatzmaschinen der deutschen Luftwaffe Anwendung fand.
Die Ausstattungslage im Bereich der Schulmaschinen war gegen Kriegsende sehr angespannt, da einerseits ein starker Verschleiß infolge Brüchen und Abstürzen eintrat, die Industrie aber durch die Produktion der Einsatzmuster — vor allem der Fw 190 und der Bf 109 — sehr beansprucht war. Anläßlich einer Konferenz wurde am 27.10.1944 beschlossen, die Anzahl an unterschiedlich ausgelegten Schul- und Übungsmaschinen drastisch zu reduzieren. Die Produktion der Bü 181 würde so schnell als irgend möglich auf monatlich 180 Flugzeuge gesteigert werden. Die Ar 96 war durch die Ar 396 (Mischbauweise) zu ersetzen. Die Si 204 galt es ebenfalls auf Holzbauteile umzustellen. Ferner wurde verlangt, die Bf 109 und Fw 190 auch künftig in einer Schulversion zu produzieren und spezielles Übungsflugzeug für die ab Anfang 1945 mit der He 162 ausgerüsteten Staffeln zu entwickeln. Kurz vor Kriegsende kam es ferner zur Umrüstung einiger weniger Me 262 A-1a zu Schuldoppelsitzern des Typs Me 262 B-1a, von denen jedoch im Frühjahr 1945 etwa fünf Maschinen in Nachtjäger umgerüstet wurden.

Schul- und Ergänzungseinheiten

Ab Ende 1938 sah die Flugzeugausstattung der A/B-Schulen meist so aus:

A2/Land:	Albatros L101, Bü 131/133/181, Fw 44, He 72 und Kl 25 bis 35
B1/Land:	Ar 65/66/68/96, Fw 56, Go 145, He 45/46/51 und Bf 108
B1/See:	He 42W/60W und He 114
B2/Land:	Fw 58, He 70, Junkers F 13/W 33/W 34 und Si 204
B2/See:	Junkers W 33W und W 34W

Im Sommer 1939 legte das OKL nach Absprache mit dem RLM fest, daß jede A2-Schule 45 Übungsflugzeuge, jede der B1-Schulen 21 Maschinen, jede der B2-Ausbildungseinheiten — zumindest auf dem Papier — 30 Flugzeuge erhalten müsse.
Die Flugzeugführerschulen C übernahmen die weitere fliegerische Ausbildung der Piloten mit bestandener B2-Erlaubnis. Sie dienten der Schulung auf schweren, mehrmotorigen Baumustern, die für die Vermittlung der tiefergehenden Navigationskenntnisse, des Nacht- und Schlechtwetterflugs, geeignet waren. Für die Ausbildung im Blindflug war allerdings der »erweiterte Luftwaffen-Fluzeugführerschein« Bedingung, der den Erwerb des C1-Scheins beinhaltete. Die C-Schulen verfügten anfangs über eine ähnliche Typenvielfalt, wie sie zuweilen bei den A2- bis B2-Schulen anzutreffen war:

C2/Land:	Do 11/13/23, Do 17, Ju 52/86, später He 111 und Ju 88
C2/See:	Do 15 »Wal«, Do 18, He 59 und He 115

Insgesamt gab es schließlich 22 C-Schulen, die — soweit noch in Betrieb — dem Bereich »Höheres Kommando der Blindflugschule« in Berlin unterstellt waren. Im Laufe des Krieges erhielten fast alle Schulen während der Blitzkriege erbeutete Trainings- sowie veraltete Kampfflugzeuge zugewiesen. Die Blindflugschulen 1 bis 11 dienten nicht nur der Ausbildung von Piloten der Kampfgeschwader der Luftwaffe, sondern befaßten sich auch mit der Schulung von Flugzeugführern der ein- und mehrmotorigen Nachtjagdverbände. Kurzfristig gab es ferner die JGr. 112 sowie die

»Blindflugschule Schleswig«. Für die Ausbildung im Blindflug wurden zahlreiche Maschinen mit »selbstgestrickten Abdeckhauben versehen«, wie dies beispielsweise bei der Go 145 oft der Fall war. Zumeist aber flog man Maschinen des Typs Ju 52 und Ju 88. Die Blindflugschule 6 in Wesendorf verwendete für einige Monate sogar moderne Großflugzeuge des Typs Ju 290, um damit »Fernkampfbesatzungen« unter wirklichkeitsnahen Einsatzverhältnissen einzuweisen. Die zehn nachstehenden aufgeführten A/B-Schulen trugen anfangs die Hauptlast der Schulung in diesem Bereich:

Flugschule	**Standorte der Flugausbildung**	**Auflösung/ Umbenennung**
FFS A/B 1	Görlitz und Bautzen	Okt. 1944
FFS A/B 2	Hannover, Deblin und Warschau	August 1944
FFS A/B 3	Cottbus, Brünn und Guben	Sept. 1944
FFS A/B 4	Nürnberg, Prag, Göppingen und Odergrund	Nov. 1944
FFS A/B 5	Seerappen, Quackenbrück und Augsburg	Febr. 1945
FFS A/B 6	Danzig und Umgebung	Sommer 1942
FFS A/B 7	Plauen und Chemnitz	Januar 1945
FFS A/B 8	Marienbad und Grafenwöhr	Okt. 1940
FFS A/B 9	Grottkau, Pardubitz und Weimar	Febr. 1945
FFS A/B10	Warnemünde, Rostock und Güstrow	Febr. 1945

Daneben entstanden schon vor Beginn des Krieges Flugzeugführerschulen der verschiedenen Fliegerausbildungsregimenter (FAR), beispielsweise die Schule 11, die nacheinander in Schönwalde, Gardelegen und Neukuhren stationiert war. Eine Reihe weiterer A/B-Schulen entstand ab Ende 1939, so die A/B 113 und dreizehn weitere, die teilweise auch im besetzten Ausland stationiert wurden.

Von Ingenieur Hans Jacobs stammte der Entwurf der »Weihe«. Mit einer Gleitzahl von 1:29 gehörte dieses Segelflugzeug zu einem der modernsten seiner Zeit. Im September 1943 errang eine »Weihe« den Weltrekord mit einer Flugzeit von 55 Stunden, 52 Minuten und 50 Sekunden. Das Foto zeigt eine »Weihe« der LKS 4 (Fürstenfeldbruck) auf dem Segelflugübungsgelände in Holzkirchen im März 1943.

Die Konstruktion des »Habicht« war ebenfalls die Arbeit von Hans Jacobs. Der erste »8 m-Habicht« flog am 20.5.1943. Bis Ende November 1944 produzierte die Firma Schmetz in Herzogenrath acht dieser Maschinen, bei Hirth erfolgte lediglich die Entwicklung der Prototypen.

Einbau einer MP 40 in einen Prototypen des Grunau »Baby« in Kirchheim/Teck.

Die Bücker Bü 131 diente der A-2 Schulung der jungen Flugzeugführer. Im Hintergrund, eine Klemm Kl 35.

Flugzeugführerschulung mit der Kl 35 in Fürth. Im Anschluß auf die A-Lizenz folgte die B-Schulung.

Der bekannteste Vertreter dieser Gruppe war die B-1 Schulmaschine Focke-Wulf FW 56 »Stößer«. Als Flugzeugausstattung pro Schule wurde bei Kriegsbeginn festgelegt: 45 Flugzeuge der Typklasse A-2 (Bü 131, Bü 133, Bü 181, Fw 44, He 72, Kl 32, Kl 35 u.a.). 21 Flugzeuge der Typklasse B-1 (Ar 65, Ar 76, Ar 96, Fw 56, Go 145, He 42, He 60, He 51 Bf 108 u.a.). 30 Flugzeuge der Typklasse B-2 (Fw 58, He 70, Ju W 34 See und Land, Si 204 u.a.)

Auch die Übung des Formationsfluges stand auf dem Schulplan der etwa 12monatigen Ausbildung. Hier durchgeführt mit der Arado Ar 96.

Diese Arado Ar 68 diente in Süddeutschland der B-1 Schulung.

Bei der Flugzeugführerschule See in Stettin fanden mehrere He 60 C bei der B-1/See-Ausbildung Verwendung.

Neben deutschen Schulflugzeugen setzte man auch häufig Beuteflugzeuge zur Schulung ein. Hier eine North American NAA 64, welche in Frankreich in Lizenz ab 1939 gefertigt wurde. Nach der Kapitulation Frankreichs gingen diese Muster zur Dienststelle Chef Ausbildungswesen (A.W.) und anschließend zur AB-Schule für die Jagdfliegervorschulung.

Beim JG 101 in Pau waren 1944 zahlreiche Dewoitine 520 zur Jagdfliegervorschulung im Einsatz. Mit einem 850 PS leistenden Hispano-Suiza-12 Zylinder Reihenmotor ausgerüstet erreichte dieser Flugzeugtyp eine Höchstgeschwindigkeit von 535 km/h. Diese Maschine galt bei Kriegsbeginn als eines der modernsten Jagdflugzeuge.

Als K-Maschine bei verschiedenen Flugzeugführerschulen fand das ehemalige Standardjagdflugzeug der CSSR, die Avia BH 534/IV, Verwendung. Der Unfall ereignete sich nahe des gut ausgebauten Flugplatzes Prag-Ruszin.

Die bis Frühsommer 1944 in Serie hergestellte MS 230 nutzten viele Segelfluggruppen ab Ende 1940. Die von Morane-Saulnier in Puteaux bei Paris gebaute Maschine und eignete sich sehr gut als Schleppflugzeug für Segelflugzeuge.

Die Bf 109 G-12 wurde für den Schulbetrieb mit Doppelsteuer aus den Versionen Bf 109 G-1, G-5, G-6 oder G-14 umgerüstet. Als Musterflugzeug diente die Werknummer 14130 (DF+CJ). Der Einsatz erfolgte ab Mai 1944 bei den JG 101 bis 112 sowie dem Nahaufklärungsgeschwader 102.

Die Bf 109 G-4 bildete bei den hier abgestellten G-12/R3 den Ausgangspunkt für die Umrüstung. Die FT-Anlage bestand meistens aus einem FuG 16 Z mit EiV, der sogenannten Eigenverständigungsanlage.

Eine Focke-Wulf 190 S-8 mit BMW 801 D-2 auf dem Flugplatz Altenburg im September 1944. Die Bewaffnung umfaßte wegen des Gewichtsausgleichs nur zwei Rumpf-MG 17.

Die Junkers W 34 hi, ausgerüstet mit einem BMW 132 A Motor, wurde vielseitig eingesetzt, beispielsweise zur Funkschulung sowie Blindflug- und Navigationsausbildung.

Auch die Focke-Wulf Fw 58 C diente als B 2-Typ der Funk- und Instrumentenflugausbildung. Beachtenswert die ungewöhnliche Farbgebung der aufgebrachten Kennung PW+AM.

Motorisiert mit zwei Renault 6020/21-Triebwerken mit je 240 PS und gegenläufigen Luftschrauben versieht diese Caudron 445 ihren Dienst bei der Luftflottenflugbereitschaft 3.

Flugunfall der Junkers Ju 52, Kennung DD+GH, welche zur Flugzeugführerschule FFS(C) gehörte.

Auch ausländische Fluggeräte, wie diese MB 200 mit Walter K 14 Motoren, fanden als C 2/Land-Schulmaschinen Verwendung.

Die He 111 J zog man nach Einführung der P-Serie aus den Kampfverbänden zurück und setzte sie ebenfalls als leistungsfähige C2-Schulmaschinen ein.

Diese ehemalige Junkers Ju 88 A-6, erkennbar an der Anbauvorrichtung für den Kabelabweiser am Bug, wurde als Ju 88 A-16 zum Behelfsschulflugzeug mit Doppelsteuerung umgerüstet.

Die Erprobung

Von der Ausschreibung zum Prototyp

In der Regel stellten die Flugzeugwerke Maschinen nur nach ausdrücklichem Auftrag des Technischen Amtes (GL) — und mit Zustimmung der für die Entwicklung verantwortlichen Amtsgruppe C-E des Reichsluftfahrtministeriums (RLM) her. Zunächst wurden Verwendungsrichtlinien sowie eine vorläufige Planung der zu erstellenden Stückzahlen vorgenommen. Die Fachgruppe C II des Technischen Amtes begann sodann mit der Aufstellung der Projektausschreibung, die dann von der Gruppe C IV (Verwaltung) den verschiedenen Herstellerfirmen übersandt wurde. Die von den Firmen eingereichten Vorschläge wurden nun hinsichtlich ihrer Entwicklungsreife, aber auch bezüglich der dabei entstehenden Kosten, der Produktionsmöglichkeiten und des Materialbedarfs vom Technischen Amt eingehend geprüft. Dem Chef des Technischen Amtes unterstanden — außer der Amtsgruppe Entwicklung von fliegendem Gerät (GL/C7) sowie der Amtsgruppe Beschaffung (GL/C-B) — noch 22 unterstellte Fachabteilungen sowie der Kommandeur der Erprobungsstellen. Im Bereich der gesamten Flugzeug- und Waffenentwicklung lag die Verantwortlichkeit dort bei den:

Abteilungen

Flugzeuge	GL/C-E2
Triebwerke	GL/C-E3
Nachrichten- und Funknavigationsgeräte	GL/C-E4
Ausrüstung	GL/C-E5
Schußwaffen	GL/C-E6
Abwurfwaffen	GL/C-E7
Bodengeräte	GL/C-E8
Lufttorpedos	GL/C-E9
Werkstoffe	GL/C-E10

Nach der Auswahl eines oder mehrerer Projekte erging an die beteiligten Firmen der Auftrag zum Bau eines »Raummodells«, der Attrappe. Das erstellte Holzmodell wurde dann von Mitarbeitern der Erprobungsstelle (E-Stelle) praktisch überprüft, indem die Bedienbarkeit der Instrumente, Bewaffnung und räumliche Gegebenheiten untersucht wurden. Meist kam es nach einigen Änderungen und Verbesserungen zum Auftrag für den Bau eines oder mehrerer Versuchsmuster (V-Muster). Während der Herstellung sowie der gesamten Werkserprobung oblag der E-Stelle die ständige Überwachung der Musterprüfung und der technischen Erprobung. Nachdem man auch die vorläufige Baubeschreibung erstellt hatte, wurden die notwendigen Einbauanweisungen für die Ausrüstung der Maschine sowie die Rüst-und Prüfanweisungen erarbeitet, wobei wiederum die E-Stelle maßgeblich beteiligt war.

Nachdem diese Arbeiten positiv abgeschlossen waren, prüfte das Technische Amt die bestehenden Möglichkeiten, das vorgeschlagene Einsatzflugzeug in Serie zu produzieren.

Falls die Reihenproduktion befürwortet wurde, erklärte der Amtschef die Einfüh-

rungsreife und entschied über die Herstellung einer Nullserie (0-Serie). Hierzu mußte die beauftragte Firma die entsprechenden Gerätelisten sowie alle Zeichnungssätze und noch dazu die voraussichtlichen Materialanforderungen vorlegen.
Vor Beginn der Produktion einer Vorserie überprüfte die Fachgruppe C II — Fertigung — alle notwendigen Abnahmelehren, welche die Einheitlichkeit der Bauteileherstellung gewährleisten. Erst danach kam es zu einem endgültigen Auftrag. Gleichzeitig wurde mit der Aufstellung einer vorläufigen Betriebsanweisung für die 0-Serienmaschinen begonnen. Während der Produktion wurde die Herstellung ständig von Spezialisten des TA überwacht. Nach dem Einfliegen im Werk wurden zumeist einige Musterflugzeuge an die E-Stelle Rechlin gesandt und dort als Einzelmuster überprüft. In einigen Fällen wurde, je nach Wichtigkeit des Flugzeuges — dieses bei der E-Staffel — zudem längere Zeit unter Einsatzbedingungen getestet.
Konnte auch diese Phase zur Zufriedenheit des Technischen Amtes abgeschlossen werden, prüfte man in Berlin die Beschaffungsreife der Baureihe (BR) 1. Der Chef des RLM entschied dann letztlich über die Serienfertigung der meist mit A-1 gekennzeichneten Produktionsausführung und legte gleichzeitig fest, wer am Ende den Großserienauftrag erhielt.
War die bisher mit der Entwicklung betraute Firma und der für die Produktion beauftragte Hersteller nicht identisch, so kam es zur erneuten Prüfung der übrigen Angebote, ehe die Nachbauunterlagen freigegeben wurden.
Nach endlich erfolgter Auftragsabwicklung und der inzwischen erstellten Bedienungs- und Wartungsvorschriften, den späteren Luftwaffendienstvorschriften (LDv.), konnte die geplante Großserien-Produktion anlaufen.
Während das neue Flugzeugmuster noch technisch geprüft wurde, erhielten die vorgesehenen Luftwaffen-Einheiten bereits die für die spätere Einführung notwendigen Unterlagen, um sich mit der neuen Maschine zumindest theoretisch vertraut zu machen.
Nach dem Abschluß der Musterprüfung begann der sogenannte Truppenversuch, der unter der Federführung der E-Stelle stand. Die genaue Auswertung der hierbei angefallenen Eprobungs- und Erfahrungsberichte ergab zumeist alle Vorteile, aber auch die Schwachstellen des für die Massenfertigung geplanten neuen Flugzeugs. Nachdem die technischen Änderungen mit dem Hersteller abgesprochen worden waren, konnte die Großserie ins Auge gefaßt werden.
Falls sich im Laufe des Einsatzes noch versteckte Mängel zeigten, dies war bei fast allen eingeführten Maschinen der Fall, prüfte die Abteilung C II die Möglichkeiten, das Flugzeug oder seine Ausrüstung mit geringstmöglichem Arbeits- und Materialeinsatz zu verbessern. Hierdurch gelang es meist, eine Vielzahl von unnötigen Störungen schon vor Beginn des Serienbaus zu vermeiden. Infolge der oftmaligen Änderung des Verwendungszweck ergaben sich jedoch oftmals arbeitsintensive Umkonstruktionen von Zelle und Triebwerk. Infolge der kriegsbedingten Lage galt es die verschiedenen Baumuster oftmals umzukonstruieren. Beispielsweise kam es bei der Entwicklung der schnellen Do 335 innerhalb von nur zwei Jahren oftmals zu einer vollständigen Änderung des gewünschten Verwendungszwecks:

28.09.1942	Entwicklung als einsitzigen Schnellbomber
11.11.1943	Schnellstbomber, ferner als Zerstörer, Nachtjäger und Aufklärer
10.01.1944	Aufklärer, später als Zerstörer, Schnellstbomber und Nachtjäger
31.03.1944	Entwicklung als Zerstörer, später als Schnellstbomber geplant
16.06.1944	Ausschließlich Ausbringung als Schnellstbomber geplant
03.08.1944	Entwicklung als Nachtjäger, eventuell als Schnellstkämpfer

26.09.1944	Entwicklung des Nachtjägers entfällt, nun: Zerstörer
10.10.1944	Entwicklung nur noch als Nachtjäger

Die ständige Umarbeitung des Entwurfs, daneben die Einbeziehung der unterschiedlichsten Triebwerke verzögerten die Arbeiten bei den Dornier-Werken erheblich. So wurde das erste Musterflugzeug des Nachtjägers Do 335 A-6 erst am 15.11.1944 flugklar. Ebenso unschlüssig verhielt sich das Reichsluftfahrtministerium bei fast allen Hochleistungsflugzeugen.

Die Werkserprobung und das K.d.E.

Der positive Abschluß der Werkserprobung, aber auch die im Bereich des Kommandos der Erprobungsstellen (K.d.E.), war wichtig, um nicht umsonst große Mengen an Material und Arbeitskraft in leistungsschwache Entwürfe zu investieren. Je nachdem, ob es sich um Land- oder Seeflugzeuge, um Bewaffnung oder Ausrüstung handelte, waren verschiedene E-Stellen zuständig. Am 1.1.1944 sah deren Organisation wie folgt aus:

Kommando der E-Stellen	**Kommandeur**	**Erprobungsschwerpunkte**
	Oberst Petersen	
E-Stelle Rechlin	Major Daser	Allgm. Erprobung
E-Stelle Travemünde	Major Linke	Seeflugzeuge
E-Stelle Tarnewitz	Major Bohlan	Bordwaffen
E-Stelle Jesau	Major Stams	Abwurfwaffen
E-Stelle Udetfeld	Hptm. Zober	Raketenbewaffng.
E-Stelle Munster-Nord	Stabsing. Dr. Pritzkow	Waffenerprobung
E-Stelle Werneuchen	Major i.G. Cerencer	Funk-/Radargeräte
E-Stelle Arktis-Finse	Stabsing. Pantenburg	Winterausrüstung
E-Stelle Cazeaux	Hptm. Schlockermann	Abwurfwaffen

Bei allen Werken, beispielsweise bei Heinkel in Oranienburg oder bei Junkers in Dessau, wurden die neuen Maschinen, ob sie nun aufgrund eines direkten Auftrags des RLM oder nur »vorsichtshalber« als Versuchsmuster hergestellt wurden, um bei einer bevorstehenden Ausschreibung einen Zeitvorteil zu erringen, praktisch erprobt und nach Kräften schrittweise verbessert.

Hierzu unterhielten Firmen wie die Junkers Flugzeug und Motoren Werke (JFM) in Mitteldeutschland ein eigenes Erprobungszentrum. Dort wurden oftmals versuchsmäßige Waffeneinbauten vorgenommen oder neue Flügel- und Leitwerksformen im Rahmen der Grundlagenforschung, im eigenen Windkanal oder im Flug untersucht.

Die Erprobungsstelle Rechlin (E-St.R.) lag nahe des Müritzsees und war in sieben Fachabteilungen unerteilt, die alle von einem verantwortlichen Abteilungsleiter geführt wurden und als Erprobungsabteilungen E1 bis E7 bezeichnet wurden. So war beispielsweise der Bereich E3 für die gesamte Triebwerkserprobung verantwortlich. Der Leiter der E-Stelle war seinerseits dem Technischen Amt direkt verantwortlich, das — wie erwähnt — wiederum direkt dem RLM unterstand.

Welcher immense Arbeitsaufwand zu bewältigen war, zeigt die offizielle RLM-Liste, die vom April 1930 bis April 1945 geführt wurde und 635 Nummern mit Flugzeugbezeichnungen umfaßte. Von ihnen

Umfangreiche Windkanalversuche sollten im Spätsommer 1941 die Aerodynamik der Heinkel He 280-Zelle verbessern. Aus diesem Grund konnte das Modell mit verkürzten Tragflächen ausgerüstet werden.

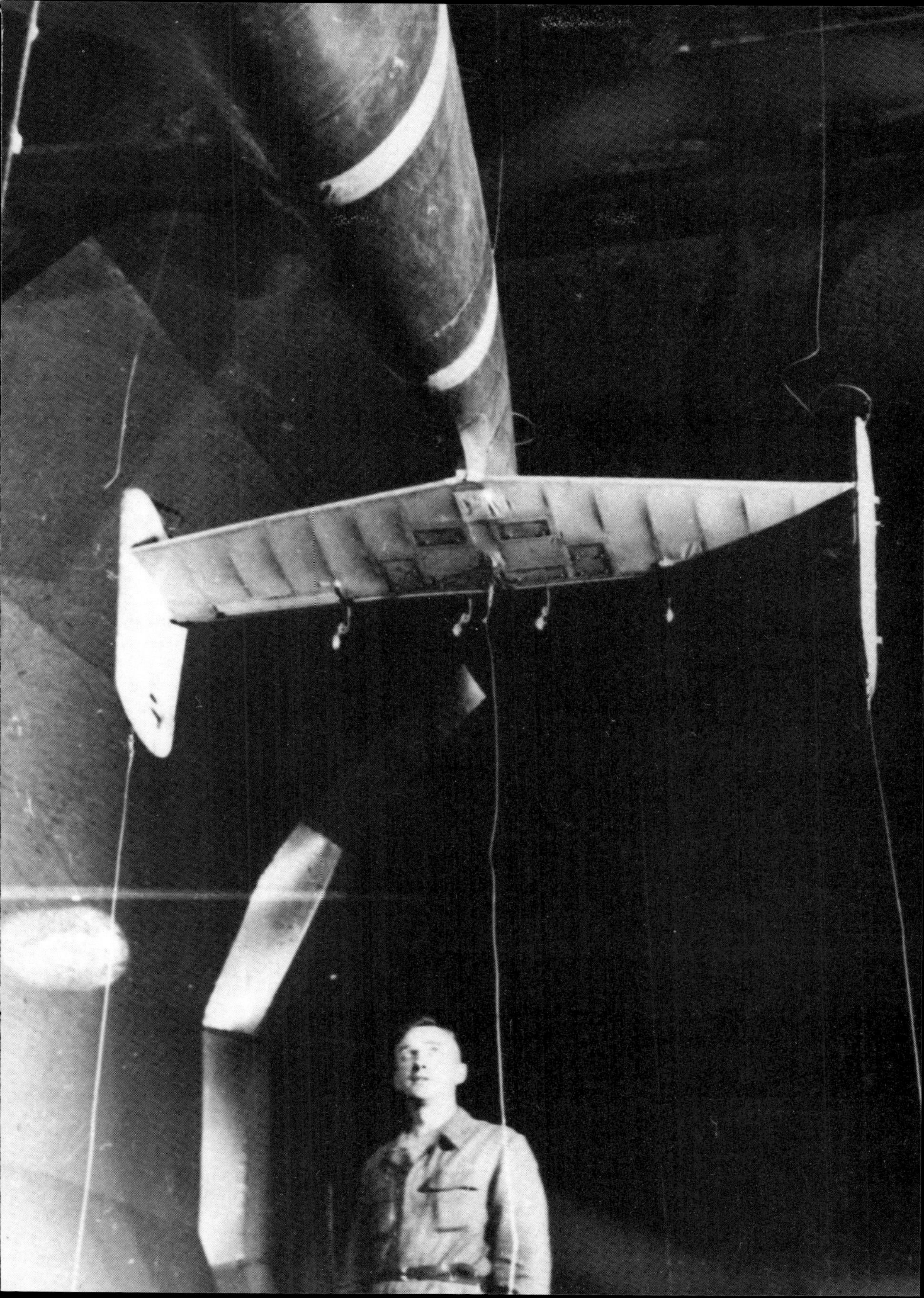

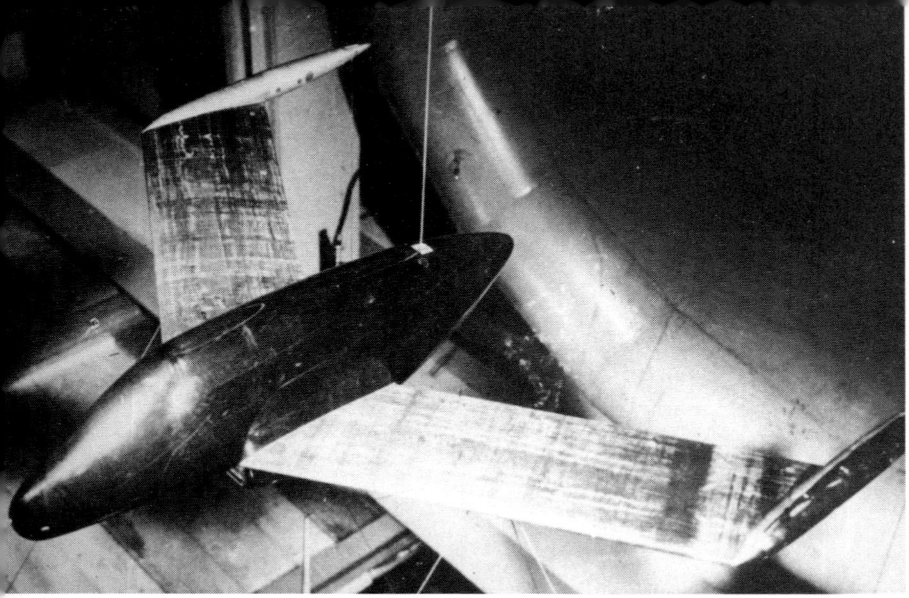

Das Windkanalmodell des Blohm & Voss Jägerprojektes P 208 mit angedeutetem AS 413 Triebwerk vom Sommer 1944.

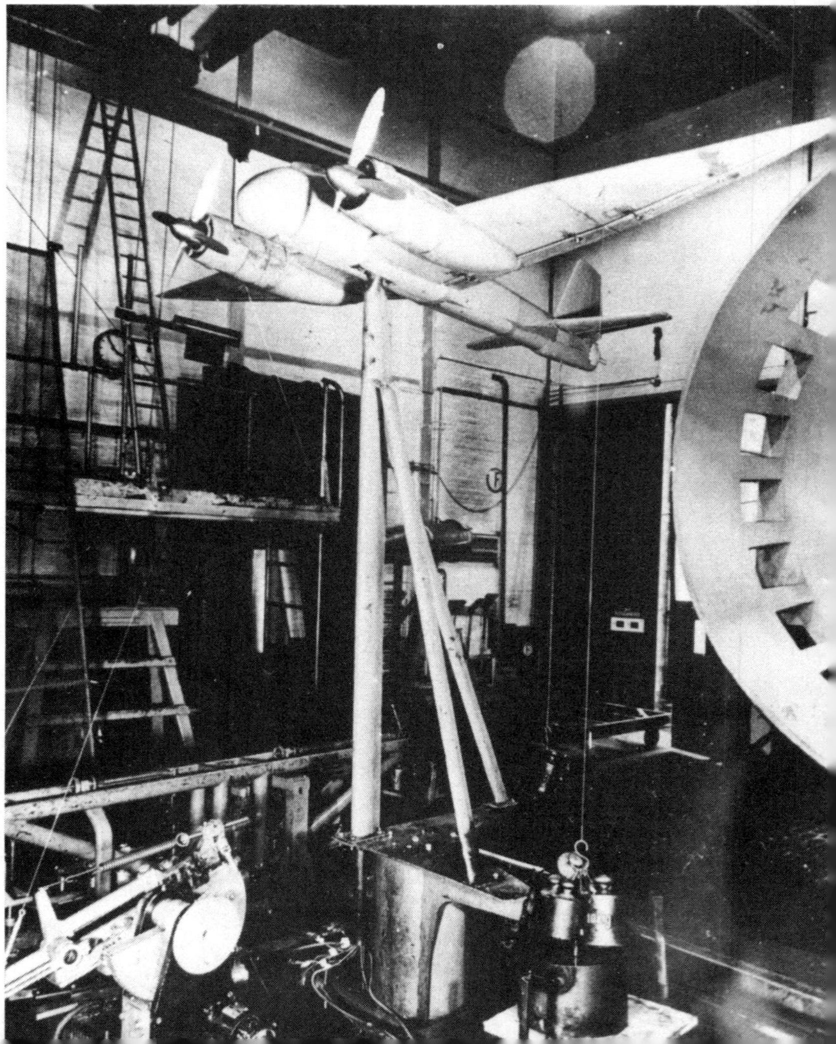

Verkleinertes Holzmodell des Ju 388 K-1-Höhenkampfflugzeugs mit MG 131 Zwillingsheckstand während der Windkanal-Erprobung.

Mit dieser verkleinerten Nachbildung der EF 112, hieraus entstand später die Ju 287, sollten verschiedene Triebwerkskonfigurationen erprobt werden.

Die hölzerne Attrappe der Ju 87 »Stuka« aus dem Jahre 1935. Interessant ist die aerodynamisch gut gelungene Ausbildung des Ölkühlers. Diese Lösung ließ sich jedoch in der Praxis nicht verwenden, da die Kühlfläche zu gering dimensioniert war.

Wie bei allen späteren Serienmustern entstand auch bei der künftigen Fw 190 eine Einbau-Attrappe, welche einen BMW 139 Sternmotor mit 1500 PS vorsah. Unter dem 1:1-Modell liegt eine Schneekufe.

Die Suche nach dem günstigsten Cockpit führte — wie hier — zum Bau einer Führerraumattrappe. Die Ju 85 A stellte ein Schnellbomberprojekt aus dem Jahre 1936 mit zwei Jumo 211 A oder B dar.

Das Mock-up des mittleren Kampfflugzeuges Ju 288 B mit Jumo 222. Im September 1941 war ein Kinndrehturm mit einem MG 131 Z in der Planung.

Die Lippisch P 10 sollte als Schnellbomber in Großserie hergestellt werden; es blieb jedoch bei der 1:1-Holzattrappe.

Nahaufnahme des Bugbereichs der Bewaffnungs-Attrappe der Ju 388 J-1 mit SN-2-Radar und FuG 212. Der Serienbau dieses leistungsstarken Höhennachtjägers unterblieb wegen des Kriegsendes.

haben allerdings nur 298 existiert, wovon jedoch nur 150 zum Fliegen kamen, 105 der Maschinen wurden in Rechlin erprobt. Außer 16 Maschinen, die lediglich der Forschung dienten, dreizehn unbemannten Geräten, fanden sich 27 Schwimmerflugzeuge und Flugboote sowie 242 einmotorige und mehrmotorige Landflugzeuge in Erprobung. Damit bleibt natürlich unberücksichtigt, daß von den meisten Standardmustern zehn, zwanzig oder mehr Unterversionen zu untersuchen waren, nachdem man beispielsweise die Motorenanlage gegen eine leistungsfähigere ausgetauscht hatte. Zudem galt es den Kaltstart unter Winterbedingungen zu verbessern, die Gipfelhöhe der Einsatzmaschinen zu steigern und die in Entwicklung befindlichen Turbinen-Luftstrahl-Triebwerke (TL) bis zur Produktions- und Verwendungsreife zu entwickeln.

Trotz der Kriegslage lief die Erprobung im Bereich des K.d.E. fast bis Kriegsende unvermindert weiter, wenn auch einige Bereiche, etwa Jesau, Udetfeld und Cazeaux, stillgelegt werden mußten. In Rechlin standen Ende Januar 1945 folgende als besonders dringend eingestufte Vorhaben im Rahmen des sogenannten »Führernotprogramms« an:

Abteilung:

E2	Do 335/Do 635, Hü 211, Ho 229, Me 262 C-1a/-2b, Hubschrauber
E3	DB 605D, BMW 801 TS, DB 603L und die Luftschraube MeP 8
E4	Funk-Notprogramm (vereinfachte Funkgeräte)
E5	Drosselkompaß, Kurssteuerung, Farbfilm und 3-Achsensteuerung
E6	Signal- und Markierungs-Munition
E7	Bomben (Notgrogramm), TSA 2D, BZA, Lotfe 7 und Lotfe 8
E10	Werk-, Ersatz- und Betriebsstoffe

In den auswärtigen Erprobungszentren befaßte man sich selbst 1945 noch mit einer Vielzahl unterschiedlicher Geräte und Waffen:

Tarnewitz:
Sondergeräte SG 113A, SG 117, SG 500, R 100 BS, Panzerblitz Pb 1 und Pb 2, Werfergranate Wgr. 42 sowie Fla-Lafetten

Karlshagen:
Bordraketen 8-344, 8-347, Flakzielgerät 8-246, Boden-Luft-Rakete 8-117, ferner BMW 003R und Ar 234 mit Hs 293-Bombe

Travemünde:
Minen, Gerät »Kurt«, Mistel, Hochgeschwindigkeitsabwürfe mit Lufttorpedos L 10, 11, 30 und 40, Fw 190/Ar 234 mit Torpedo

Stade:
gesamtes Funknotmeßprogramm.

Einer der letzten bekannten Erprobungsberichte datiert vom 4. März 1945 und zeigt anschaulich die damaligen Aktivitäten:

Neben zehn Ar 234, fünf Do 335, einigen Fw 190 D-11/12 und Ta 152 wurden noch einige Fw 190 mit verbesserten Methanol-Wasser (MW)-Anlagen geflogen. Infolge der immer geringeren Kraftstoff-Zuteilung verzögerte sich die Erprobung besonders stark. Gleiches galt für die Zuführung neuer Mustermaschinen, die aufgrund der Ersatzteillage flugunfähig beim Hersteller standen und nicht fristgemäß durchgeführt werden konnte.

Die Erprobung von teilweise noch unausgereiften Schulflugzeugen und Einsatzmaschinen ging nicht ohne Verluste ab. Mindestens 200 Mann fliegendes Personal fanden hierbei den Fliegertod, unter ihnen viele schon vor dem Krieg bekannte Piloten.

Hinzu kam zweitweise auch die Erprobung von gegnerischen Flugzeugen. Dies war für die dafür eingesetzten Flugzeugführer gleichfalls nicht ungefährlich, da zwar oftmals flugklare Maschinen erbeutet wurden, jedoch fast immer die Flugzeughandbücher und Bedienungsanweisungen

fehlten. Die Aufgabe wurde später vom Versuchsverband des Oberbefehlshabers der Luftwaffe (O.b.d.L.) übernommen.
Am 25. August 1944 wurde die E-Stelle Rechlin Ziel eines alliierten Luftangriffs. Wichtige Erprobungsvorhaben wurden daraufhin nach Lärz verlegt. Kurz vor Kriegsende lagerte man einen Teil der noch anstehenden Erprobungsvorhaben nach Lechfeld und Memmingen aus. Am 10.4.1945 folgte ein zweiter Angriff, was die Aktivitäten in Rechlin nahezu zum Erliegen brachte.
Von gleicher Bedeutung war die gesamte Waffenerprobung, welche die Maschinengewehre MG 15, 17, 81, 131, 151, das MG FF, verschiedene Waffenbehälter und großkalibrige Kanonen (MK) umfaßte und in Tarnewitz zusammen mit der komplexen Erprobung von Bordraketen stattfand. Kurz vor Kriegsende versuchte man dort neuartige Flugzeugbewaffnung, etwa die Sondergeräte »Rohrblock« (SG 117), »Jägerfaust« (SG 500) und neuartige Reflexvisiere (EZ 42), bis zur Serienreife zu erproben. Für die Tests am Boden und im Flug standen vor allem Hochleistungsflugzeuge der Typen Fw 190, Ta 152 und Me 262 zur Verfügung.
Die Seeflugzeugerprobung fand hauptsächlich in Travemünde statt. Begonnen hatte der zunächst noch »getarnte« Aufbau einer Seefliegerstelle im Jahre 1922; hieraus entwickelte sich die Seeflugstation des Reichsverbands der deutschen Luftfahrtindustrie (RDLI), 1928 wurde diese zur Seeflugerprobungsstelle Travemünde, aus der schließlich die E-Stelle (See) hervorging. Dort wurden die Blohm & Voss-, Dornier- und Heinkel-Seeflugzeuge »auf Herz und Nieren« getestet. Letzte Aktivitäten umfaßten die Umrüstung der Do 18 zu Nacht-Ubootjägern, die Erprobung von abwerfbaren Rettungsbooten, die Schaffung der effizienten Seenot-Ausrüstung für ein- und mehrmotorige Hochleistungsjäger sowie die Prüfung neuartiger maritimer Abwurflasten.
Die Erprobung von Funkgeräten fand in Werneuchen statt. Bis Anfang 1945 lief in enger Zusammenarbeit mit dem Funkforschungszentrum in Oberpfaffenhofen (FFO) dort die Fortentwicklung der Funk- und Radargeräte.
Die Erprobungskommandos (EK) unterstanden dem Kommandobereich des K.d.E. und hatten den Auftrag — im Gegensatz zur Erprobungsstaffel — Geräte und Bewaffnungen oftmals bei verschiedenen Einsatzmustern wirklichkeitsnah zu testen und dabei Möglichkeiten für den künftigen Einsatz zu erarbeiten oder die technischen Erfordernisse genau zu ermitteln.
Beispielsweise waren das EK 25und das EK 26 für die Eprobung großkalibriger Waffen und Wurfgranaten betraut. Gleichzeitig mußten nachgeschleppte Bomben, der sogenannte »Großzerstörer« mit bis zu 32 Wurfgranaten und andere neuartige Bewaffnungsvorschläge in die Praxis umgesetzt werden. Die E-Stelle der Luftwaffe in Peenemünde/West und Karlshagen befaßten sich mit der Erprobung von Gleit- und Lenkwaffen, Raketen und automatischen Zielsuchgeräten. Besondere Bedeutung hatten die Fi 103 »Kirschkern«, die Hs 293/298, aber auch die schnellen Raketenflugzeuge des Typs Me 163 B-1/B-2.
Neben den verschiedenen E-Stellen und -Kommandos beschäftigten sich die Aerodynamische Versuchsanstalt (AVA) Göttingen, die Deutsche Forschungsanstalt für Segelflug (DFS) e.V., Forschungseinrichtungen in Braunschweig, Stuttgart und Berlin schwerpunkthaft mit luftfahrttechnischen Erprobungsfragen.

Die Erprobungsstaffeln der Luftwaffe

Die Erprobungsstaffeln (E-Staffeln oder ESt.) der Luftwaffe trugen einen maßgeblichen Anteil an der Erprobung von Kampfflugzeugen unter künftigen Einsatzbedingungen. In enger Zusammenarbeit mit der Luftfahrtindustrie wurden eigens E-Staffeln, z.B. für die Ju 88, He 177, Ju 188, He 219, Ju 388, Ar 234, Me 262 und die Do 335 auf dem Kommandowege aufgestellt. Noch am 5.2.1945 bestanden — trotz der überaus angespannten Kriegslage — folgende Versuchs- und Erprobungseinheiten:

Versuchsverband OKL

- 1./Versuchsverband OKL mit:
  - Einsatzkommando Götz (Ar 234-Aufklärer)
  - Einsatzkommando Sommer (Ar-234-Aufklärer)
  - Einsatzkommando Braunegg (Me 262-Aufklärer)
- 2./Versuchsverband OKL (Versuchsstaffel für Feindflugzeuge)
- 3./Versuchsverband OKL (Einflugstaffel)

Erprobungskommando 335 (Do 335, Mengen/Württ.)
Lehr- und Erprobungskommando 16 (Me 163, Brandis)
Eprobungskommando 4 (Fw 190 mit X4-Raketen)
Erprobungskommando 26 (Bekämpfung von schweren Bombern)
Lehr- und Erprobungskommando V1 (Fi 103, Karlshagen und Nordholz)
Erprobungskommando Kolb (MG 151/20 in Drillingslafetten)
Erprobungskommando 41 (Forstschutzstaffel)
Ubootjagd-Übungsstaffel (Diverse Flugzeuge)
Erprobungskommando 388 (Ju 388J, Rechlin)
Versuchs- und Einsatzverband Propellermittel der Luftwaffe (Diverse Flugzeuge, Berlin-Adlershof)
Verlastungskommando für Transportflugzeuge der Luftwaffe (Diverse Flugzeuge)
Ballonstaffel (Diverse Ballone, Werneuchen)

Beispielhaft sei hier nur eines der Kommandos herausgegriffen: Nachdem die ersten Do 335 erfolgreich die Werks- und E-Stellen-Erprobung durchlaufen hatten, stellte das Oberkommando der Luftwaffe (OKL) am 4.9.1944 das »Erprobungskommando Do 335« auf. Es bestand aus dem Kommandoführer, dem Personal einer Zerstörerstaffel nebst des Werkstattzugs aus dem Bereich des Generals der Jagdflieger (GdJ) und weiteren drei Flugzeugführern und 37 Mann technisches Personal aus dem Bereich des Generals der Aufklärungsflieger (GdA). Das EK 335 war als Grundstock für die ersten auf dieses Muster umzurüstenden Verbände vorgesehen und sollte der Truppenerprobung als Mosquito- und Nachtjäger, daneben als Jagd-Aufklärer und als Kampfflugzeug dienen. Bis zur Auflösung blieb es bei dieser Reihenfolge für die Erprobung.
Am 14.2.1945 beendete das OKL die Arbeit des EK 335 zusammen mit den beim Lehr- und Erprobungskommando 16, dem EK 26 sowie dem EK 388 laufenden Erprobungsvorhaben und teilte das freiwerdene Personal mehreren anderen Einheiten, etwa dem JG 400 (Me 163) und dem SG 151 (Fw 190), zu.
Kurz vor Kriegsende wurden auch die noch verbleibenden Erprobungsstellen und -einheiten aufgelöst. Einige der Piloten fanden bei den Strahler-Verbänden des mit Wirkung vom 23.11.1944 umgegliederten und auf Düsen- bzw. einsitzige Propellerjäger umgerüsteten IX. Fliegerkorps wieder. Andere wurden zum Jagdgeschwader 7 »Nowotny« versetzt oder bei der III. (Erg.)/JG 2 auf die Me 262 A-1a eingewiesen.

Die Heinkel He 112, hier die 1. Ausführung der V 3 (Werknummer 1292), war neben der Bf 109 als Ersatz für die Jagdeinsitzer Ar 68 und He 51 vorgesehen. Die Bf 109 bekam jedoch den Zuschlag.

Außer der Bf 109 VB (B-05) errangen noch zwei weitere Messerschmitt-Jäger beim internationalen Flugmeeting am 29. Juli 1937 in Dübendorf bei Zürich Preise.

Bauchlandung der Messerschmitt Bf 109 A-1, Werknummer 808, am 7. April 1937 in Rechlin, bedingt durch einen Kurbelwellenlagerdefekt beim Jumo 210 D Motor. Der Gesamtschaden belief sich auf etwa 30 Prozent.

Am 18. Juni 1936 erteilte das RLM den Auftrag, eine Bf 109 mit Sternmotor auszurüsten. Die Bf 109 V21 (WerkNr. 1770, D-IFKQ) stammte aus der E-Baureihe und erhielt später einen 14-Zylinder Doppelsternmotor. Dr. Wurster flog diese Maschine im August 1939 in Augsburg.

Die Focke-Wulf Fw 190 V1 in der Endmontage. Die Entwicklung des BMW 139 Motors, der zunächst geplant war, wurde jedoch am 30. September 1938 abgebrochen.

Am 1. Juni 1939 unternahm Flugkapitän H. Sander mit der Fw 190 V1 den erfolgreichen Erstflug. Auf diesem Bild trägt die V1 noch die Kennung D-OPZE, später erhielt das Versuchsmuster eine neue NACA-Motorverkleidung und die Kennung FO+LY. Die Herren vor der Maschine von l. nach r.: Gen.Ing. Lucht, Gen.Oberst Udet und Dipl.Ing. Francke.

Rollstreckenmessung mit der Messerschmitt Me 262 V3 in Leipheim am 26. März 1943 (Werkspilot Ostertag). Laut des Flugberichts funktionierten die Jumo T-1 Triebwerke an diesem Tag einwandfrei. Lediglich eine Abgasbelästigung trat in der Kabine auf.

Die Fw 187 mit zwei Jumo 210Da-Motoren entstand als Konkurrenz zur Bf 109. Der Entwurf wurde abgelehnt, weil das RLM zwei Motoren an einem Jäger für reine Verschwendung hielt, obwohl die Fw 187 60 km/h schneller als die Bf 109 B-2 war. Das Foto zeigt die Fw 187 V1, Kennung D-AANA, welche ihren Roll-out im Frühjahr 1937 in Bremen hatte.

Letzte Vorbereitungen für den Rekordflug der He 119 (D-AUTE), am 22. November 1937 auf der 1000-Km-Strecke Hamburg-Stolpe-Hamburg. Flugkapitän Nitschke und Dieterle unternahmen den Rekordflug. Die Durchschnittsgeschwindigkeit betrug 504,988 km/h, die Höchstgeschwindigkeit 620 Km/h.

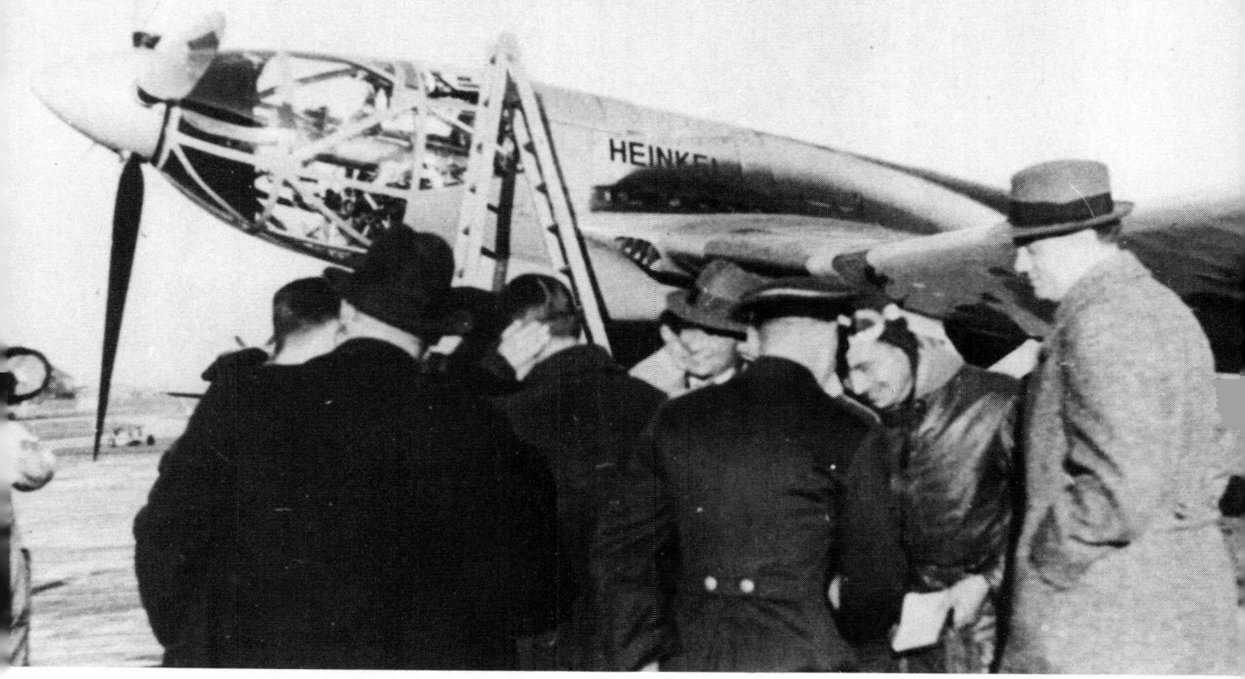

Die He 119 verfügte über ein DB 606 Doppeltriebwerk mit 2700 PS. Dieses bestand aus zwei gekoppelten DB 603-Motoren. Die respektable Leistung wurde jedoch schon wenig später durch die Breda 88 überboten. Ein zweiter Versuch scheiterte, da die Maschine wegen Treibstoffmangel in Travemünde notlanden mußte und dort zu Bruch ging.

Anläßlich der Ausschreibung für einen einmotorigen Sturzkampfbomber stellte Heinkel die leistungsstarke He 118 vor. Das erste Versuchsmuster (D-IKYM) besaß noch ein Rolls-Royce-Triebwerk und einen vergrößerten Kühler.

Beim Züricher Flugmeeting siegte die Dornier Do 17 MV1 (D-AELE, WerkNr. 691) in ihrer Klasse. Die Maschine war deutlich schneller und leistungsfähiger als jedes andere Kampfflugzeug seiner Zeit. Das Versuchsmuster flog noch bis zum Flugjahr 1945 bei der DFS in Ainring.

Als Ausgangsmuster für die Bomberserie absolvierte die Heinkel He 111 V3 im April 1935 seinen Erstflug. Der Prototyp für die A-Serie besaß anfänglich zwei BMW VI-Motoren.

Durch den Umbau einer He 111 D-O entstand Anfang 1938 als erster Prototyp der E-Serie mit Jumo 211 A-1 Triebwerk die V 10. Neben einem neuen, einziehbaren Kühler und geänderter Abgasführung zeichnete sich der Typ durch die höhere Geschwindigkeit von 390 km/h sowie eine größere Bombenzuladung von maximal 2000 kg aus.

Die Ju 88 V1 führte am 21. Dezember 1936 ihren Erstflug durch. Die Werknummer lautete 4941, die Kennung D-AQEN. Als Antrieb dienten zwei 12-Zylinder DB 600 Aa von je 1000 PS.

Als Schulflugzeug der FFS in Fürth fand dieses frühe Versuchsmuster der Ju 88 (VE+AG) Verwendung. Der zweite Prototyp, er flog erstmals am 10. April 1937, unterschied sich vor allem durch eine verbesserte Motorenkühlung von seinem Vorgänger.

Auch die He 177 V7, das zweite Waffenmusterflugzeug, stand ab dem 28. Juni 1943 als Schulflugzeug zur Verfügung.

Neben ernsten Triebwerksproblemen führten auch mehrere Fahrwerksbrüche, bedingt durch das zu hohe Gewicht, zu Landeunfällen bei der Junkers Ju 288 der V2. Der hier gezeigte Bruch ereignete sich am 20. Juli 1942.

Transport zum ersten Flug der Dornier Do 335 V1 (WerkNr. 230001), der am 26. Oktober 1943 unter Leitung von Dipl.Ing. Dieterle in Mengen/Württ. stattfand. Die Maschine trug das Funkrufkennzeichen CP+UA.

Detailansicht des DB 603E-Bugmotors in der Do 335 V1 kurz nach dem Einbau der beiden Flugmotoren.

Produktion

Die deutschen Flugzeughersteller und ihre wichtigsten Produkte

Die vollständige Liste aller Flugzeughersteller und Zulieferer, welche zunächst die zahlreichen Luftsportgruppen und später dann die im Aufbau befindliche Luftwaffe belieferten, ist so umfangreich, daß hier nur die wichtigsten Werke genannt werden können. Von ihnen wiederum gehörten Arado, Dornier, Focke-Wulf, Heinkel, Junkers und Messerschmitt bei weitem zu den wichtigsten. Eine kaum übersehbare Zahl von Zulieferer-Firmen sorgte dafür, daß die Endmontage nie zum Stillstand kam. Besonders im Bereich der Flugzeugelektrik oder der sonstigen Triebwerks-Ausrüstung zählten heutige Weltmarken, wie etwa Daimler-Benz, schon damals — neben den bekannten Junkers Flugmotoren Werken — zu den wichtigsten Anbietern.
Viele der kleineren Hersteller wurden im Laufe des Krieges von den zuvor genannten Werken übernommen oder trugen als Lizenznehmer dazu bei, daß die verschiedenen Großserien die in den Lieferplänen genannten Stückzahlen erbrachten.
Dies darf jedoch keinesfalls darüber hinwegtäuschen, daß auch die größten ihrer Branche, etwa Junkers oder Heinkel, fremde Produktionslizenzen besaßen und — zumeist vor Beginn des Krieges — zahllose Schulflugzeuge produzierten. Hier nun tabellarisch die bedeutendsten Flugzeugproduzenten und die von ihnen in Klein- und Großserie hergestellten Maschinen:

AGO-Flugzeugwerke GmbH (Oschersleben bei Magdeburg)	Ao 192, Ar 240, Fw 190, Go 145, He 46, He 51, Hs 123 und Bf 109
Albatros-Flugzeugwerke GmbH (Berlin-Johannisthal)	L 57 bis L 102, Fw 44, Fw 56 und Fw 190
ATG-Maschinen GmbH (Mockau bei Leipzig)	Ju W 33, W 34, Ju 86, Ju 88, Ju 188, Ju 388, Teile für He 111
Arado Flugzeugwerke GmbH (Warnemünde, Brandburg/Havel)	Ar 65/66/68/76/79/80/81/95/96/195/195 196/197/199/240/440/232/234 und He 177
Bachem-Werke GmbH (Waldsee in Württemberg)	Ba 349 und diverse Lizenzfertigung
Blohm & Voss Flugzeugbau GmbH (Hamburg-Finkenwerden, Wenzendorf)	Ha 135/136/137, BV 138/139/140/141/142/144/155/222/238, Do 23/17, Ju 86 und Me 262
Bücker Flugzeugbau GmbH (Rangsdorf bei Berlin)	Bü 131/133/134/180/181/182, Fw 44, DFS 230, Teile Ju 87 und Hs-Gleitbomben
Deut. Forschungsanstalt für Segelflug e.V. (Griesheim, Ainring)	Diverse Segelflugzeuge, DFS 194, 228/346/230/231 und DFS 232

Dornier Werke GmbH (Friedrichshafen, Oberpfaffenhofen, Wismar und div. Zulieferer)	Do H/J/K/R/S/X, Do 11/13/23, Do 17/217/317, Do 15/18/24/26 und Do 335, ferner Lizenzen Ju W 33, He 111, Ju 88, Me 410 und Fw 190
Erla-Maschinenwerk GmbH (Mockau bei Leipzig)	Me 5a (Erla 5), Lizenzen: He 51, DFS 230 und Bf 109
Fieseler Werke GmbH (Kassel und Umgebung)	Sportflugzeuge F1 bis Fi 97/99, Fi 156/256, Lizenzen: Ar 68, Fw 58c, He 45, He 51/72, Kl 35, Bf 109 und Fw 190
Flettner-Flugzeugbau GmbH (Berlin-Johannisthal)	Hubschrauber Fl 184/185/265/282/285/339 und Kleinsthubschrauber-Entwicklungen
Focke-Achgelis & Co. GmbH (Delmenhorst)	Fa 223 und Fa 330, diverse Projekte
Focke-Wulf Flugzeugbau GmbH (Bremen, Cottbus, Hannover, Posen, Neubrandenburg, Sorau u.a.)	Schul-, Sport- und Verkehrsflugzeuge A1 bis A43, Albatros L102, Fw 44/56/58/189, Fw 190/200, Ta 152/153/154, Lizenzbau von Go 145, He 45 und He 60
Gothaer Waggonfabrik AG (Gotha)	Go 145/146/149/150/241/242/244, Lizenzbau Ar 66, DFS 230, He 45, Bf 110 und Bf 109
Heinkel Flugzeugwerke AG (Rostock, Rostock-Marienehe, Oranienburg, Raum Wien und div. andere Orte)	HE (Eindecker) und HD (Doppeldecker) He 1, HD 55, He 45/46, He 51, He 59/60, He 70/170/270, He 72, He 111, He 100/112/114/115, He 177, He 118/119 176/178, He 219 und He 162, Lizenzbau: Ju 88
Henschel Flugzeugwerke AG	Hs 121, Hs 122/126, Hs 123/129, Hs 128/130, Lenkflugkörper, Lizenzen: Do 17/23, Ju 188
Hellmuth Hirth Versuchsbau GmbH (Stuttgart-Feuerbach)	Diverse Versuchsflugzeuge
Wolf Hirth GmbH - Flugzeugbau (Nabern/Teck)	Gö 8/9, Hütter-Nachtjäger, Teileproduktion für Me 321/323, Bf 109 und Ba 349
Horton Flugzeugbau GmbH (Köln-Bonn, Göttingen, Hersfeld)	Nurflügelflugzeuge H I bis H XVIII
Junkers Flugzeug- u. Motorenwerke AG (Dessau, Magdeburg, Leipzig, Fritzlar, Merseburg, Halberstadt und div. andere Orte)	Ju F 13/G 24/31, W 33/34, Ju 49/EF 65, JU 52, Ju 60/160/ Ju 86, Ju 87, Ju 88, Ju 188/288, Ju 388/488, Ju 90/290/390, Ju 287, Ju 248 (Me 263), Lizenzbau: He 111
Klemm-Flugzeugbau GmbH (Böblingen)	Leicht-, Sport- u. Übungsflugzeuge L 15-L 30, Kl 31-152, Lizenzbau: Me 163, DFS 230
Messerschmitt Flugzeugwerke AG (Augsburg, Regensburg, Giebelstadt, Leipheim, Obertraubling, Schwäbisch-Hall, Wiener Neustadt)	S 15 bis M 36 (Schul- u. Verkehrsflugzeuge) Bf 108, Bf 109, Bf 110, Bf 210/Me 410, Me 209/309, Bf 161/162/163, Me 163/263, Me 262, Me 321/323, Lizenzbau: U 12, Ar 66, Do 11, Go 145, He 45 und He 50

Mitteldeutsche Metallwerke GmbH (Erfurt und Umgebung)	Ta 154, Ka 430, Teileproduktion für He 111, He 177, Go 242, Fw 190, Ta 152 (geplant)
Siebel Flugzeugwerke KG (Halle/Saale)	Fh 104, Si 204, Lizenzbau von Fw 44, He 46, Ju 88/188, Teileproduktion für Do 177
Weser-Flugzeugbau GmbH (Bremen)	We 271, Lizenzbau u. Teilefertigung für Ju 52, Ju 86, Ju 87, Fw 200 und Ta 154
Luftschiffbau Zeppelin GmbH (Friedrichshafen)	Weiterentwicklung Me 323 und Kleinstraketenjäger »Rammer«.

Die Belegung jedes einzelnen dieser Flugzeugmuster war mit einer entsprechenden »Dringlichkeitsstufe« hinsichtlich der Fertigungspriorität erfolgt, abhängig vom Kriegsverlauf oder der Voraussicht des OKL. Am 7.9.1943 sah der Vorschlag für die notwendige Dringlichkeitseinstufung aller maßgeblichen Flugzeugmuster wie folgt aus:

Verwendungszweck	**Dringlichkeitsgruppe**	**Baumuster (in der Reihenfolge der Dringlichkeit)**
Jäger u. Nachtjäger	1	Fw 190, Bf 109, Bf 110, He 219, Ju 88, C-6, Me 262, Me 163 und Ta 154
Zerstörer	2	Me 410, Bf 110 und Hs 129
Vergeltungswaffen	3	Fi 103 »Kirschkern« (V1)
Bomber	4	Ju 88/188, He 177, Ju 87 und Ju 288
Fernerkunder	5	Ju 290
Schulflugzeuge	6	Ar 96/396, Bf 108, Bü 181 und Si 204
Transport-/Seenotflugzeuge	7	Ju 52/352, Do 24 und Me 323
Seeflugzeuge	8	Ar 196
Verbindungsflugzeuge	9	Fi 156
Lastensegler	10	Go 242 und DFS 230

Welche Produktionszahlen die deutsche Luftfahrtindustrie trotz verheerender Luftangriffe und gravierender Materialengpässe dennoch hervorbrachte, zeigt die vom Generalquartiermeister - 6. Abteilung - erstellte Tabelle vom 2.3.1945, die sowohl die detaillierten Programmvorhaben als auch die von der Industrie erstellten Einsatzmaschinen enthält:

Tagjäger	**1944**							**1945**			
Baumuster	Juni	Juli	Aug.	Sept.	Okt.	Nov.	Dez.	Jan.	Febr.	März	April
Bf 109 Soll	1150	1230	1530	1774	1850	1230	1426	1210	1850	1820	—
Ist	1120	1237	1138	1511	1505	1312	1016	1208	948	—	—
Fw 190 Soll	640	740	930	1045	1285	1100	1265	882	1470	1325	—
Ist	554	752	880	885	673	997	918	882	544	—	—
Me 163 Soll	4	11	28	50	92	50	50	—	—	—	—
Ist	3	12	13	35	61	22	90	30	3	—	—
Me 262 Soll	—	—	5	35	50	175	195	167	511	722	—
Ist	—	—	5	19	52	101	124	160	280	—	—
Ta 152 Soll	—	—	—	—	10	10	20	20	45	145	—
Ist	—	—	—	—	—	—	18	20	3	—	—
He 162 Soll	—	—	—	—	—	—	—	50	100	202	—
Ist	—	—	—	—	—	—	—	—	82	—	—

Nachtjäger	**1944**							**1945**			
Baumuster	Juni	Juli	Aug.	Sept.	Okt.	Nov.	Dez.	Jan.	Febr.	März	April
Do 335 Soll	—	—	—	—	—	—	—	—	12	5	—
Ist	—	—	—	—	—	—		—	—	—	—
andere Soll	385	430	790	467	414	365	405	370	—	—	—
NJ Ist	397	417	439	490	353	426	230	251	107	—	—
Zerstörer											
Soll	146	125	80	43	3	8	3	5	—	—	—
Ist	109	93	68	40	3	1	3	1	4	—	—
Schlachtflugzeuge											
alle Soll	505	660	612	517	400	300	350	367	350	350	—
Typen Ist	507	623	563	574	413	294	312	367	309	—	—
Kampfflugzeuge											
Ar 234 Soll	—	5	10	20	40	40	35	35	28	10	—
Ist	—	5	10	18	40	40	35	35	15	—	—
Me 262 Soll	40	60	95	82	175	—	—	—	—	—	—
Ist	28	59	15	72	65	—	—	—	—	—	—
Ju 388 Soll	—	—	—	—	—	—	—	—	—	—	—
Ist	—	—	—	—	—	1	1	2	—	—	—
andere Soll	284	313	294	56	—	—	—	—	—	—	—
Typen Ist	231	329	165	29	—	2	2	—	—	—	—
Aufklärer											
Tak- Soll	150	225	150	150	100	177	174	—	—	—	—
tisch Ist	110	111	237	94	78	151	70	2	63	—	—
Strate- Soll	69	87	69	71	54	47	78	—	—	—	—
gisch Ist	65	85	35	66	51	61	73	47	21	—	—
Transporter											
alle Soll	65	64	50	—	—	—	—	—	—	—	—
Typen Ist	59	84	23	2	1	—	—	—	—	—	—
Seeflugzeuge											
alle Soll	18	14	18	—	—	—	—	—	—	—	—
Typen Ist	19	15	13	3	3	—	—	—	—	—	—
Schulflugzeuge											
alle Soll	308	342	393	275	260	262	251	170	97	—	—
Typen Ist	331	332	391	319	271	274	252	—	—	—	—

Um den gegnerischen Nachrichtendiensten die Arbeit zu erschweren, wurden aufgrund der ausdrücklichen Weisung Hitlers noch am 26.3.1945 für alle kriegswichtigen Flugzeuge, Panzerkampfwagen und Sonderwaffen besondere Suggestivnamen festgelegt. Soweit es die Luftwaffe betraf, erhielten die zehn wichtigsten Baumuster daher einen offiziellen Tarnnamen:

Ta 152	Jäger, Aufklärer und Zerstörer	»Würger«
He 162	Jäger	»Spatz«
Me 163	Jäger	»Komet«
Me 262	Jäger, Aufklärer und Jabo	»Sturmvogel«
He 219	Nachtjäger	»Uhu«
Do 335	Nachtjäger und Zerstörer	»Pfeil«
Ju 388	Nachtjäger und Fernaufklärer	»Störtebecker«
Me 410	Zerstörer und Aufklärer	»Hornisse«
Ar 234	Aufklärer und Kampfflugzeug	»Blitz«
Ju 188	Fernaufklärer und Torpedobomber	»Rächer«

Dennoch haben sich Bezeichnungen — wenn auch nach dem Kriege falsch verwandt — wie »Kraftei« für die Me 163 anstatt »Komet« oder andere, beispielsweise »Hecht« für die Ar 234, bis heute selbst in der Fachliteratur erhalten. Andere Bezeichnungen, wie für die Ju 188, sind dagegen kaum verwandt worden und gingen bis heute verloren.

Dislozierung der Produktion

Im Laufe des Krieges wurde die alliierte Luftüberlegenheit immer drückender. Mächtige gegnerische Bomberverbände wurden ab 1942 nicht nur vollends zum Schrecken der Zivilbevölkerung, sondern trafen zunehmend auch die deutsche Rüstungsindustrie. Alle Anstrengungen, wichtige Objekte durch Jagdflugzeuge und Flak auf Dauer wirksam zu schützen, mußten angesichts 800- oder 1000-Bomber-Angriffen schließlich scheitern. Absolut vergeblich war darüber hinaus der Schutz der Städte; durchschnittlich ein Toter kam auf je drei Tonnen abgeworfener Bomben.
Die einzige Möglichkeit, zumindest wichtige Industriebetriebe vor der Zerstörung zu bewahren, war die Verlegung in abgelegene Gebiete, die vorläufig außerhalb der gegnerischen Bomber-Reichweite lagen. Daher ordnete das Rüstungskommando an, ganze Werke oder auch Teile der Fertigung nach Schlesien (Arado), nach Polen (Heinkel) oder in die Tschechoslowakei (Messerschmitt) auszulagern.
Die Luftangriffe auf die Flugzeugindustrie begannen schwerpunkthaft im Sommer 1943 und führte zu einem Produktionsverlust von mehr als zehn Prozent im zweiten Halbjahr. Die 8. USAAF — in geringerem Maße die Royal Air Force — trug die Hauptlast dieser Angriffe. Ohne die bereits ab 1941 angelaufenen Vorbereitungen, einen Teil der Produktion zu dislozieren, hätten die 1944 erfolgten, immensen Produktionssteigerungen niemals möglich werden können. Beispielsweise erhöhte sich die Anzahl der Focke-Wulf-Werke und deren Niederlassungen von fünf am 31.12.1943 auf zwölf im Jahre 1944. Dank des ausgezeichneten Verkehrssystems, das zwar beschädigt, jedoch noch nicht schwer

angeschlagen war, konnten die disloziert hergestellten Baugruppen zur Endmontage zusammengeführt werden.
Gleichzeitig errichtete man »Scheinanlagen«, die in Form und Ausdehnung ihren Vorbildern glichen, und die einer Irreführung der gegnerischen Bomberbesatzungen dienten. Beispielsweise bei Ploesti in Rumänien bombardierten die sowjetischen Fliegerkräfte jahrelang die dort errichteten Scheinanlagen, die sich erst gegen Kriegsende als Attrappen herausstellten. Ähnlich erging es der RAF, die bis Anfang 1943 ein vorgetäuschtes Krupp-Werk nahe Essen bombardierte. Doch trotz aller Flakkonzentrationen um wichtige Betriebe blieb der sicherste Schutz deren Verbunkerung oder die Einrichtung unterirdischer Produktionszentren. In Deutschland gab es im April 1945 allein 140 größere unterirdische Werke, in denen fast die Hälfte aller Flugmotoren, ein hoher Prozentsatz der Munition und fast alle »Vergeltungswaffen« produziert wurden. Besonders große Anlagen befanden sich bei Leonberg nahe Stuttgart, in Nordhausen, ferner in Kahla im Harz, außerdem bei Igling nahe Landsberg und bei Mühldorf in Niederbayern. Dort sollte die Me 262-Produktion im Schutz meterdicker Betondecken unbeschadet in großem Stil anlaufen. Ebenso wurde in Kaufering an einem zweiten Großbunker gearbeitet, der im Frühjahr 1945 bereits riesige Ausmaße erreicht hatte. Es war geplant, die Produktion des Turbinenjägers dort ab Herbst 1945 zu beginnen. Das Kriegsende machte dem Vorhaben »Kuckuck« jedoch ein jähes Ende.
Ebenso wichtig war die Herstellung von genügend Treib- und Betriebsstoffen für die Bedarfsdeckung der Streitkräfte. Insbesondere benötigten die Luftwaffenverbände in der Reichsverteidigung genügend Betriebsstoff, um ihren Auftrag zu erfüllen. Für die Treibstoff-Gewinnung entstanden daher weitere Hydrierwerke in Leuna, Boehlen bei Leipzig, Meerbeck, Lützkendorf bei Halle und nahe Hannover. Wie schon bei der Motoren- und Zellenproduktion blieb vieles Stückwerk. Inzwischen hatten alliierte Bomber begonnen, auch die deutsche Infrastruktur zu vernichten. Dagegen wurden ab 1944 die Straßen- und Schienenverbindungen, aber auch Kanäle und Wasserstraßen Ziel der USAAF sowie der RAF. Immer häufiger wurden daher Nachschubtransporte vor Erreichen des Ziels vernichtet. Kesselwagen brannten in Bahnhöfen und auf offener Strecke nach gegnerischen Tiefangriffen aus. Die Aktivitäten der Luftwaffe mußten so zwangsläufig erlahmen.

Flugzeugausrüstung und Bewaffnung

Die gegnerische Überlegenheit versuchte die Luftwaffen- und Rüstungsführung mittels Qualität — statt Quantität — aufzufangen. Das Ziel waren sogenannte »Hochleistungsflugzeuge«, die allen gegnerischen Baumustern in Gipfelhöhe, Steig- und Höchstgeschwindigkeit überlegen sein sollten.
Hierzu wurden bereits 1943 die Weichen gestellt. So befaßte sich der Luftwaffenführungsstab am 18. November mit den neuen Einsatzmaschinen, welche »Turbinen-Luftstrahl-« (TL) oder Raketen (R)-Triebwerke besaßen. Noch aber stand die offensive Komponente im Vordergrund: »Strahlbomber sind mit allen Mitteln vorwärts zu treiben zum Einsatz in großer Zahl mit kleinen Bomben zur Abwehr einer Invasion im Westen; Strahlbomber sind wichtiger als Strahljäger!«.

Zu jener Zeit waren nur der einsitzige Strahljäger ohne Druckkabine, die Me 262, der R-Jäger Me 163B sowie die Ar 234 — als Strahlaufklärer — in Arbeit. Alle drei Muster befanden sich jedoch noch in der Erprobungsphase. Der Strahlbomber hatte nicht einmal die Konzeptionsphase erreicht.
Trotz des Entwicklungsstandes der hier genannten Hochleistungsflugzeuge wurde die Verwendung der Me 163 und Me 262 als wirksames Mittel gegen in großer Höhe fliegende Bomber gesehen. Mit der Ausrüstung der ersten Einheiten war jedoch erst im Frühling und Sommer 1944 zu rechnen. Trotz der Forderung, die Me 262 — wie vom Werk angeboten — als Jagdbomber herauszubringen, setzten sich der GdJ und das OKL für die sofortige Beschleunigung der Serienproduktion als Jäger ein. Gleichzeitig galt es, die Maschine mittels leicht zu produzierenden Rüstsätzen als schnellen taktischen Jagdbomber mit einer Abwurflast von maximal 500 kg auszurüsten.
Trotz aller Anstrengungen glückte es nicht, die ersten Strahlbomber-Staffeln bis zum Beginn der Invasion in Nordfrankreich aufzustellen. Es gelang den alliierten Verbänden immer mehr, das Gesetz des Handelns an sich zu ziehen. Die angeschlagenen deutschen Divisionen zogen sich kämpfend aus Frankreich zurück. Gleichzeitig nahm der Luftkrieg über dem Reichsgebiet an Schärfe zu. Aus diesem Grunde galt es, die Jäger-Produktion mit allen erdenklichen Mitteln zu steigern. Ein geheimer Aktenvermerk vom 30.6.1944 war hierzu richtungsweisend:
Die sofortige Einstellung der He 111, He 177, Ju 290, Ju 352 und der bewährten Ju 52. Alle freiwerdenden Arbeiter sollten täglich, in bis zu drei Schichten, ausschließlich Jagdflugzeuge für die Reichsverteidigung produzieren. Die für die Kolbenjäger und Schlachtflugzeuge erforderlichen Motoren glaubte man dank der Abgabe von genügend DB 605 und BMW 801 durch die Reparaturbetriebe, zu beschaffen. Gleichzeitig wurde befohlen, die Neuproduktion massiv zu verstärken. Die Ju 88 -Nachtjäger sollten anstatt der BMW 801-Sternmotoren nunmehr Jumo 213 A-Reihenmotoren erhalten, gleiches galt für die Fw 190 D-9 und ihre Nachfolgemuster, die Ta 152E und H.
Ende 1944 lief schließlich die Me-262-Fertigung in größerem Rahmen an. Die Produktion von zweimotorigen Mittelstreckenbombern war bereits größtenteils eingestellt worden, da diese inzwischen — außer im Osten — kaum mehr mit Erfolg einzusetzen waren. Die Umrüstung des Jagdgeschwaders (JG) 7 und des Kampfgeschwaders (KG) 51 begann.
Zusätzlich erwartete das Kommando der Erprobungsstellen, daß neben den strahlgetriebenen Einsatzflugzeugen auch neuartige Kolbenjäger verstärkt den Jagdverbänden zugeführt würden. Im Mittelpunkt stand neben der Bf 109 K-4 und der Fw 190 D-9, die Ta 152 H, ein Höhenjäger mit imposanter Spannweite und DB 605-Triebwerk. Die Bf 109 H war inzwischen storniert worden, der BV 155 gab niemand eine reelle Chance, da mit dem ersten Versuchsmuster nicht vor Anfang 1945 gerechnet wurde.
An Kampfflugzeugen wollte man außer der Ju 388 K-1 mit Jumo 213E oder BMW 801 TI, kurzzeitig noch die Do 335 einsetzen. Als vierstrahliger Schnellbomber stand die Ar 234 C im Mittelpunkt des Interesses. Die Ar 234 B-1 und B-2 galt indessen nur als notwendige Übergangslösung. Als schwerer Bomber plante das Reichsluftfahrtministerium ab Februar 1945 die Serienfertigung der Ju 287, eines sechsstrahligen Kampfflugzeugs. Dieses Vorhaben war jedoch nicht völlig abgesichert, da die BMW 003-Strahlturbinen vorerst nur sehr unzuverlässig arbeiteten und vorläufig keine effektive und noch dazu fernbedienbare Bewaffnung zur Verfügung stand.
Als Nachtjäger sah die Luftwaffenführung neben einer leistungsgesteigerten Ju 88 G-6 die G-7 und die gewichtsreduzierte He 219 mit Jumo 213 E-Reihenmotoren vor, die

gegen die in immer größerer Höhe angreifenden Mosquitos zum Einsatz kommen sollten. In diesem Bereich wurde immer wieder der Wunsch laut, die Maschinen schnellstens mit leistungsstarken DB 603-Kolbenmotoren auszustatten.
Neben den Schulflugzeugen Bf 109 als Standardmuster kamen als Umschulungsmuster noch die Do 335 A-12, die Me 262 B-1a sowie die Ta 152 »S« hinzu. Um die Lieferziele wenigstens einigermaßen halten zu können, war die Produktion einer ausreichenden Anzahl von Flugmotoren Grundbedingung. Eine umfangreiche Statistik gibt konkret Aufschluß über die bis dahin ausgelieferten Stückzahlen sowie die Produktion in den kritischen Monaten Dezember 1944 und Januar 1945:

Triebwerks-muster	Notleistung in Volldruckhöhe	Eingebaut in Flugzeugtyp	monatl. Lieferg. Soll	Neub. Dez.44 Ist	Neub. Jan.45 Ist	Bisher insges. geliefert	Vorrat bei d. Truppe	Ob.d.L. Reserve
Jumo 211								
F/J/K/P	F=1190/5.0	Ju 88	---	---	---	50908	1706	3749
	J=1330/4.6	Ju 87						
		He 111 H-6						
Jumo 211 A/B/D	945/4.4	Ju 87 B, R	---	---	---	17068	939	1065
G/H/L	1190/5.5	He 111 H						
Jumo 213/8013	1500/6.0	Ju 88	1521	982	829	7229	188	2
		Bf 109						
Jumo 004 TL		Me 262	1400	801	864	4169	13	---
DM 603	1620/5.7	He 219	253	407	237	8753	270	1218
		Do 335						
DB 605	1355/5.7	Bf 109	2000	1865	1430	41099	1834	919
		Bf 110						
DB 606	2640/4.8	He 177	---	---	---	494	---	---
DB 610	2710/5.7	He 177	---	---	---	2656	52	21
BMW 132 A/T/Z	Z=550/2.0	Ar 196	---	---	---	23564	931	2940
K/N	N=690/1.8	Ju 52						
BMW 801 A/L	1500/4.6	Fw 190	---	---	---	3893	8	---
BMW 801 C/D	C=1500/4.6	Fw 190	300	470	345	18129	218	---
	D=1560/5.7							
BMW 8801	1560/5.7	Fw 190	703	526	500	6684	333	---
BMW 003 TL		Ar 234	150	94	93	267	---	---
BMW 323	850/4.2	Fw 200	---	---	---	4088	254	1286
		Do 24						
As 410	400/3.0	Ar 96	150	150	50	7705	475	355
As 411	516/3.0	Ar 396	250	104	250	4642	187	925
		Si 204						
As 10 C/P	200	Fi 156	130	90	130	22080	1274	730
HM 500	105	Bü 181						

Insgesamt wurden bis Ende Januar 1945 genau 223.434 Flugmotoren produziert und bis auf die sogenannten OKL-Reserve nahezu alle in Einsatz- und Schulflugzeuge der Luftwaffe eingebaut. Als Beispiel für die breite Produktionspalette mag hier die Aufstellung der bei den BMW-Werken hergestellten Flugmotoren stehen, von denen jedoch nicht alle in Serie gingen und einige wenige nur als Erprobungsmuster dienten:

Baumuster	Bau-serie	Baujahr	Beschreibung	Dauerleistung Drehzahl
BMW 139	–	1938	14-Zyl., luftgekühlter Doppelstern-Einspritzmotor	1200 PS 1900 U/min.
Fafnir 323 A, B	2	1935	9-Zyl., luftgekühlter Viertakt Einspritz-Sternmotor (Höhenmotor)	660 PS 2100 U/min.
Fafnir 232 C, D	2	1935	9-Zyl., luftgekühlter Viertakt Einspritz-Sternmotor	670 PS 2100 U/min.
Fafnir 232 Q	2 3	1938	9-Zyl. luftgekühlter Einspritz-Sternmotor	660 PS 2100 U/min.
BMW 801 A	1 2	1940	14-Zyl., luftgekühlter Doppelstern-Einspritzmotor mit Zweigang Schaltlader, vollkommene Motorenanlage mit Einbautragring und Motorenverkleidung, Ausführung tropentauglich, aber nicht -fest	1600 PS 2100 U/min
BMW 801 B	–	1941	Triebwerk wurde nicht ausgeführt	
BMW 801 C	–	1941	14-Zyl., luftgekülter Doppelstern-Einspritzmotor, »nackter« Motor mit Luftschraubenverstellgetriebe	1600 PS 2100 U/min.
BMW 801 D	–	1942	14-Zyl., luftgekühlter Doppelstern-Einspritzmotor, »nackter« Motor mit Luftschraubenverstellgetriebe und Anlaßhilfe	1600 PS 2100 U/min.
BMW 801 E	–	1943	14-Zyl., luftgekühlter Doppelstern-Einspritzmotor, leistungsgesteigerter BMW 801 mit geänderter Verkleidung (nur Versuch)	1800 PS 220 U/min. 2500 PS (max.)
BMW 801 F	–	1944	14-Zyl., luftgekühlter Doppelstern-Einspritzmotor, leistungsgesteigerter BMW 801 ohne Verkleidung (nur Versuch)	1800 PS 2200 U/min.
BMW 801 G	–	1944	14-Zyl., luftgekühlter Doppelstern-Einspritzmotor mit Bomber-Treibwerk BMW 801	1600 PS 2100 U/min.
BMW 801 H	–	1944	14-Zyl., luftgekühlter Doppelstern-Einspritzmotor mit Jäger-Triebwerk BMW 801	1600 PS 2100 U/min.
BMW 801 J	0 1	1944	14-Zyl., luftgekühlter Doppelstern-Einspritzmotor, walzgelagert - gleitgelagert, Turbinenantrieb (Höhenmotor)	1600 PS 2100 U/min.
BMW 801 L	–	1944	14-Zyl., luftgekühlter Doppelstern-Einspritzmotor mit Einbauausrüstung (Serienbau war vorgesehen)	1600 PS 2100 U/min.
BMW 802	–	1940	18-Zyl., luftgekühlter Doppelstern-Einspritzmotor (nur Versuch)	2800 PS 2300 U/min.
BMW 803	–	1943	28-Zyl., luftgekühlter Vierstern-Einspritzmotor (nur Versuch)	3000 PS 4100 U/min.

Fertigung des BMW 801D in dem Stammwerk in München-Allach. Zur besseren Beweglichkeit der Flugmotoren befinden sich diese auf Rollwagen.

Das durchschnittliche Gewicht des in der Fw 190 A eingebauten BMW 801A Doppelsternmotors betrug 1200 kg, seine Leistung 1400 PS.

Überprüfung einer Fw 190 A-3 mit BMW 801 D-2-Triebwerk. Für die notwendig gewordenen Arbeiten am Fahrwerk hatte man die Maschine aufgebockt.

Die unumgängliche Endkontrolle bei der Fw 190 A-6. Die Maschine war serienmäßig mit zwei MG 17 und vier MG 151/20 bestückt.

An der Produktion der Ju 87 war Weserflug in Bremen schwerpunkthaft beteiligt.

Die Endmontage der Ju 87 B umfaßte die Installation des Jumo 211-Flugmotors.

Die Produktionslinie des legendären Ju 87 »Stuka« in der großen Halle des Flugplatzes Berlin-Tempelhof.

Die werksinterne Endkontrolle bei einer in Dessau fertiggestellten Ju 87 B-1.

Beschädigte Rümpfe der Ju 87 B nach dem schweren Bombenangriff am 1. Juli 1940 auf das Werk 2 der Weserflug GmbH.

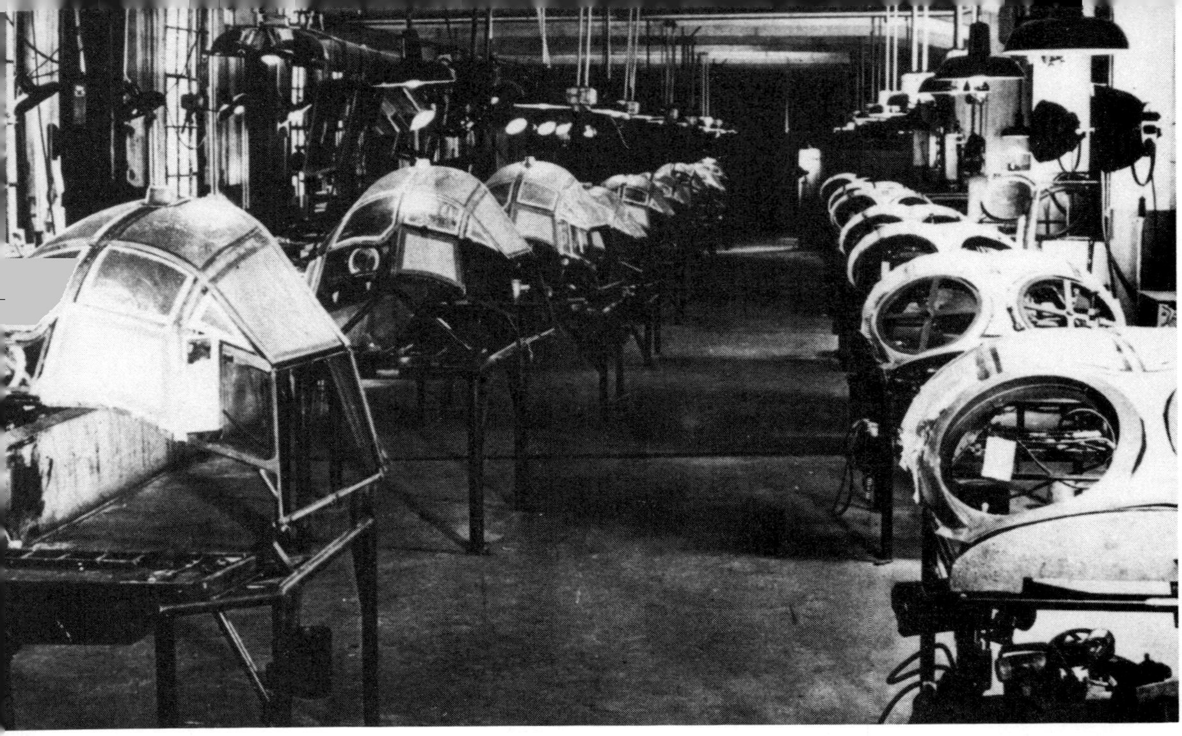

Fertigung der Verglasung für die Junkers Ju 88-Großserie bei Opel in Rüsselsheim.

Die Serienproduktion von Ju 88 Flächen in Halberstadt/Mitteldeutschland.

In Aschersleben wurde das Rumpfwerk der Ju 88 A-1 bis A-4 am Fließband gefertigt.

Die in Bernburg durchgeführte Endmontage der Ju 88 A-5.

Triebwerksmechaniker der Junkers-Motorenwerke legen hier letzte Hand an das für die Ju 88 notwendige Jumo 211 J-Triebwerk.

Drei Aufnahmen von der Fertigung der Heinkel He 111 H-16 im Herbst 1942. Die Aufnahmen entstanden vermutlich im modern eingerichteten Werk Oranienburg.

DJ
DJ

Abwurflasten und Lufttorpedos

Bei Kriegsbeginn verfügte die Luftwaffe lediglich über die ab 1933 eingeführte 1-kg-Elektron-Brandbombe, die Splitterbombe SD 10 und ferner über zwei Minenbomben, die SC 50 sowie die SC 250. 1935 kam die SC 500, die bislang schwerste Minenbombe hinzu. Ein Jahr später wurden die beiden Grundminen, LMA und LMB, von 500 beziehungsweise 1.000 kg Gewicht eingeführt. 1938 folgten der Lufttorpedo F5 (1.000 kg) sowie die Mehrzweckbombe SD 50, nach weiteren zwölf Monaten folgte die 1,3 kg schwere Elektron-Brandbombe mit Stahlkopf des Typs B1BE, die Mehrzweckbombe SD 500 und die mit 500 kg gleich schwere PC 500, eine Panzersprengbombe.
Bereits die Kämpfe in Polen und Norwegen zeigten das Fehlen schwerer Abwurfwaffen. Insbesondere gegen gepanzerte Kriegsschiffe konnten mit den bisherigen Bombentypen keine überragenden Erfolge erzielt werden. Dies führte dazu, daß ab 1940 die SC 1000, die Minenbombe SC 1800 sowie die Mehrzweckbombe SD 1700 eingeführt wurde. Gleichzeitig erhielten die Kampf- und Sturzkampfverbände der Luftwaffe die PC 1400, mit der besonders geschützte Ziele erfolgreich bekämpft werden sollten, sei es im Horizontal- oder im Sturzangriff. Für die Schlachtfliegerverbände wurde die SD 2, die SBe 50 (Splitterbomben/Beton mit 50 kg Gewicht) sowie zwei Brandbomben mit flüssiger Brandsubstanz, die Flam C 250 und 500 bereitgestellt.
Neben der Streubrandbombe (Strbd C 500), einer stärkeren Elektron-Brandbombe, der B2E(Z) von 2 kg Gewicht, wurden ab 1942 vermehrt auch die sogenannte Mehrzweckbombe SD 250, die Bombenmine BM 1000 sowie die schwere Minenbombe SC 2500 ausgeliefert. Schließlich kam noch die »Großladungsbombe« SB 2500 hinzu. Diese Abwurfwaffe war nur kurzzeitig im Gebrauch und besaß eine Länge von etwa 3,90 m. Eine geringer dimensionierte Version der SB 2500 wurde dagegen oftmals bei der Do 217 E-4 und K-1 sowie der He 177 A-3 und A-5 mitgeführt. Später füllte man die verbliebenen SB 2500 mit der sogenannten Trialen-Mischung 105, um bei der Bekämpfung von Handelsschiffen auch bei Nahtreffern im Bereich von bis zu 70 m von der Bordwand erfolgreich zu sein. Die Sprengwirkung dieser Waffe bei der Detonation auf der Erde war so groß, daß innerhalb von 1.000 m mit nachhaltigen Zerstörungen zu rechnen war. Ab 1942 — die Kämpfe hatten sich in der Sowjetunion ausgeweitet — wurden eine kleine Splitterbombe, die SD 1, sowie die vier Kilo schwere Hohlladungsbombe Sd 4 HL, bei der Luftwaffe eingeführt, um für die kommenden Schlachteinsätze besser gerüstet zu sein. Ebenso wurde für die Luftnahunterstützung die SD 70 entwickelt. Gegen gut gepanzerte Ziele führte man die SD 1000 sowie die nachsteuerbare PC 1400X, auch »Fritz X« oder »FX« genannt, ein. Im folgenden Kriegsjahr wurden die Abwurflasten nochmals den taktischen Bedürfnissen angepaßt. Für Angriffe auf Stadtkerne gesellten sich die leichte Brandbombe mit Flüssigkeitsfüllung, die Brand 10 sowie die Intensivbrandbomben Brand C 50 und C 250 hinzu. Neben der SD 65 wurden ferner die Großladungsbombe SB 1000, die Minenbombe SC 2000 sowie zwei Panzerdurchschlagbomben, die PD 500 und 1000, eingeführt und an die Frontverbände geliefert. Die Panzerdurchschlagbomben mit Antrieb des Typs PC 500 RS, PC 1000 RS und PC 1800 RS wurden jedoch nur in geringer Stückzahl hergestellt und schließlich durch nachsteuerbare Abwurflast, etwa der Hs 293 A-1/A-2 oder der PC 1400X, verdrängt. Spätestens ab 1944 traten vermehrt sogenannte Abwurfbehälter (AB)

auf. Die gängigen Größen stellten der AB 70, AD 250, AB 500 und Ab 1000 dar. Diese Offensivlasten, bspw. der AB 1000, konnten mit maximal 610 B1-Brandbomben bzw. mit 238 Brand 2, 78 Brand 10, 66 Brand 10 und 60 Brand 1 oder aber mit 204 SD 4 gefüllt werden. Insbesondere die schweren Abwurfbehälter kamen Anfang 1944 bei der Operation »Steinbock« über London zum Einsatz. Die AB 70 wurden im Bereich der Luftflotten 6 und West bis zum Kriegsende in großer Stückzahl eingesetzt.
Mitte März befanden sich neben verschiedenen Lufttorpedos auch die schweren Bombentorpedos des Typs 1400 in Travemünde in der Erprobung. Sonderabwurfwaffen, etwa des »Winterballon«, konnten wegen der angespannten Treibstofflage und den herrschenden Wetterverhältnissen im Frühjahr 1945 nicht durchgeführt werden.
Ferner waren damals zahlreiche Bomben mit Kampfstoffen gefüllt worden, neben der KB 3 und KB 10 fanden sich auch große Bestände an KC 250, 500 und 1000 in verschiedenen Depots. Erhebliche Mengen der Sondermunition wurden in den letzten Kriegswochen einfach wahllos vergraben und stellen teilweise noch heute eine nicht zu unterschätzende Gefahr dar.

Rohr- und Raketenbewaffnung

Im Bereich der offensiven und defensiven Flugzeugbewaffnung sah die Ausrüstung der Einsatzverbände der Luftwaffe zunächst recht bescheiden aus. Als bewegliches Maschinengewehr fand sich in den Kampfflugzeugen zumeist das leichte MG 15, das jeweils mit einer 75 Schuß fassenden Trommel bestückt war. Dagegen wurde das MG 17 zumeist als Starreinbau installiert. Die erste vom mehreren eingeführten schweren Maschinenwaffen stellte das MG FF (Kaliber 20 mm) dar.
Vor Kriegsbeginn waren zudem das MG 81 I und Z sowie das MG 131 in Erprobung, bzw. die Serienfertigung war gerade im Anlaufen. Beide Waffen gehörten später zu der Standardbewaffnung fast aller mehrmotorigen Kampfflugzeuge der Luftwaffe. Erstmals kam das MG 81 Z in den Seitenständen der He 111 zum Einbau. Das MG 81 fand außer bei verschiedenen Jagdflugzeugen, bei der Do 17, Ju 88, He 111 und später auch bei der Bf 210/Me 410 sowie der He 177 ausreichend Verwendung.
Im Laufe der beiden ersten Kriegsjahre wurde das MG FF immer mehr durch die beiden MG 151-Ausführung verdrängt. Es handelte sich dabei um eine 15-mm-Waffe, von der fast gleichzeitig eine 20-mm-Ausführung entstand und hauptsächlich als Starrbewaffnung bei ein- und mehrmotorigen Jägern eingebaut wurde. Außerdem entwickelte man die sogenannten Waffengondeln, welche als Waffentropfen (WT) bezeichnet wurden und vornehmlich bei der Bf 109 G-6 auftauchten. Das MG 151/20 wurde ab 1944 auch als Motorkanone, wie in der Fw 190 D-9 und D-11, sowie in dennoch 1945 ausgelieferten Ta 152 H-10-Höhenjägern installiert. Als Defensiv- und Offensivbewaffnung von mehrmotorigen Kampfmaschinen, etwa der Fw 200 C-3 oder der He 177 A-5, wurde die Waffe meistens im A-Stand verwandt. Als neue Versuchsstände befanden sich ab Herbst 1943 noch Zwillingslafetten in Erprobung und wurden eingehend als Musterbauten getestet. In der Serienfertigung wurde die mehrrohrige Bewaffnung nicht

berücksichtigt, da zum einen das hohe Gewicht der schweren Waffenanlage wenig befriedigte und zum anderen die Kapazität der Herstellerfirmen einfach nicht ausreichte. Als 3-mm-Waffe kam schließlich noch die Maschinenkanone (MK) 108 hinzu, welche ab 1944 die Standardbewaffnung aller Me 262 A-1a-Strahljäger sowie des Blitzbombers (BB) Me 262 A-2a darstellte.

Die MK-108-Bewaffnung wurde aber auch bei der Bf 109 K-4 als Rüstsatz — und ebenso bei der Fw 190 — als Gondelbewaffnung — allerdings in weit geringerer Stückzahl eingesetzt. Schließlich fanden Überlegungen statt, den Volksjäger, die He 162, damit zu bestücken. Da die Maschinenkanonen schwerpunkthaft bei der Me 262 zum Einbau kamen, reichte das Lieferkontingent jedoch nicht, was wiederum dazu führte, daß die He 162 ab März 1945 fast ausnahmslos das MG 151/20 erhielt.

Außer den hier kurz vorgestellten Waffen wurden bei der Luftwaffe noch einige schwere Kanonen für die Bekämpfung von Bodenzielen entwickelt und teilweise serienmäßig eingebaut. Eine dieser Waffen, die MK 101, wurde zwar bereits ab 1936 konzipiert, die Erprobung der Musterbauten zogen sich jedoch über mehrere Jahre hin. Neben dem versuchsweisen halbstarren Einbau bei der Bf 110 und der serienmäßigen Verwendung bei der Hs 129 fanden sich zwei dieser 30-mm-Waffen ab Spätsommer 1942 in einigen He 177 A-1, die dann die Bezeichnung »Zerstörer« trugen. Es war geplant, damit viermotorige alliierte Bomber während des Überführungsfluges, mitten über dem Nordatlantik abzufangen und vor dem Erreichen Englands abzuschießen. Nach der Erprobung durch das K.d.E. kam es jedoch nicht dazu, da vermutlich aufgrund des Befehls des OKL die Bekämpfung des gegnerischen Bahnverkehrs wichtiger erschien.

Außer dieser Bewaffnung erhielt zumindest eine He 177 eine MK 103 im A-Stand. Daneben erfolgte serienmäßig der Einbau der schweren Waffe im vorderen Rumpf der Me 410 A-2/U4 und war dann als Bewaffnung für die Do 335 B-2 und die Hs 129 B-3 geplant.

Zur Abwehr feindlicher Panzer wurde das Flak-18-Geschütz als schwere Bordbewaffnung unter den Flächen der künftigen Ju 87 G-1 erprobt. Schließlich wurde die G-2 in Serie gefertigt und die 37-mm-Waffe auch unter dem Rumpf der Hs 129 B-2, eines hervorragend gepanzerten Schlachtflugzeuges, installiert. Schließlich wurde auch die Ju 88 P mit zwei BK 3,7 in Tarnewitz erprobt, wobei eine der Maschinen einen Fahrwerksbruch erlitt.

Die Bordkanone 7,5 gehörte zu der Gruppe der schwersten Flugzeugwaffen; sie ging aus der 75-mm-Panzerabwehrkanone (KWK) 40 L hervor und wurde bei etwa 24 Maschinen in die große Rumpfwanne eingebaut, an deren rückwärtigem Ende sich ein MG 81Z als zusätzliche Defensivbewaffnung befand. Ob es wirklich mehrere He 177 mit der BK 7,5 gab, bleibt auch weiterhin unbewiesen. Wegen zahlreicher technischer Probleme mit der Gurtzu- und abführung bei der Hs 129 B-3 kam es jedoch zu schier endlosen Verzögerungen bei der Erprobung dieser fliegenden Panzerjäger. Mindestens zwei Mustermaschinen wurden bis zum Herbst 1944 erprobt, die Entwicklung mußte jedoch schließlich abgebrochen werden. Ob die bereits produzierten Waffenanlagen noch vor Ende des Krieges bei Einsatzmaschinen Verwendung fanden, ist nicht belegt.

Neben der Bestückung mit Rohrwaffen waren Ende 1944 bereits einige Bordraketen sehr weit in der Entwicklung fortgeschritten. Insbesondere die drallstabilisierten R4M-Raketen wurden mit großem Erfolg von der III./JG 7 sowie dem Jagdverband 44 (Galland) eingesetzt. Die draht- bzw. funkgelenkten Ausführungen der X-4-Projektile wurden dagegen nur noch erprobt, für einen scharfen Einsatz war es bereits viel zu spät. Bei Kriegsende waren zudem die Panzerabwehrraketen X-7 »Rotkäppchen« sowie das mittelschwere Luftkampfprojektil Hs 298 in der Ent-

wicklungsphase. Beschußversuche von einer Ju 88 S-1 sowie einer Do 217 N-2 aus ließen sich erfolgreich an, konnten jedoch ebenfalls nicht mehr abgeschlossen werden.
An offensiv verwendbaren Raketenwaffen sind vor allem die PC 1400 X sowie die Hs 293 A zu nennen, die von Besatzungen der Kampfgeschwader 40 und 100 über dem Mittelmeer, dem Atlantik sowie dem Englischen Kanal mit Erfolg abgeworfen und mittels Funksignalen ins oder zumindest in die Nähe des Ziels gelenkt werden konnten. Die Einflüsse durch die maritime Witterung und unsachgemäße Lagerung der Flugkörper bedingte jedoch eine überraschend große Ausfallquote. Wegen der teilweise beobachteten Störung der Lenkfrequenzen wurden ab 1944 Hs 293-Bomben mit einer Drahtlenkung ausgerüstet und damit zumindest eine Gruppe des KG 100 ausgerüstet. Wegen der Treibstoffknappheit kam diese von Dänemark aus nicht mehr zum Einsatz. Im Herbst 1944 wurden die Motoren der dort stationierten He 177 A-5 demontiert und als einzelne Reihenmotore wieder der Jägerproduktion zugeführt.
Als Weiterentwicklung des Hs 293 A-1/A-2 galten die erwähnten Hs 293 B-1 sowie die mit einem Unterwasserlaufkörper ausgerüsteten Bomben der C-Serien. Mittels eines sogenannten Fernsehkopfes gelangten daneben einige wenige Geräte zur Truppenerprobung vor der Küste Pommerns. Auch die Lenkflugkörper der Typen TV 143, der Gleittorpedo LT 950 und der im Kreis laufende Lufttorpedo LT 350, der aus italienischer Produktion stammte, erfüllten die harten Anforderungen der Truppenerprobung nicht in allen Fällen. Gleiches galt für die Gleitbombe BV 246, von der zahlreiche Untervarianten hergestellt wurden und die schließlich als Ziel für Flugabwehrraketen-Einheiten während deren Ausbildung dienen sollten.
Trotz des immensen Entwicklungsvorsprungs gelang es nicht, diesen Vorteil effektiv zu nutzen, zumal man 1941 zahlreiche Entwicklungen nicht mehr für wichtig hielt und die Arbeiten mehr als ein Jahr unterbrochen waren. Für die im RLM amtierenden »Flieger« des Ersten Weltkrieges erschien die Bf 109 mit ihrem anfangs beträchtlichen Geschwindigkeitsvorsprung völlig ausreichend.

Zur Tieffliegerabwehr diente die Stationierung der Flak 38 (20 mm) auf fast allen deutschen Flugplätzen.

Als wesentlich wirkungsvoller zur Tieffliegerabwehr auch auf Flugplätzen erwies sich die 20 mm Vierlingsflak. Die Aufnahme zeigt jedoch eine ortsfeste Stellung in Hamburg.

Auch die Flak 3,7 cm wurde zur Sicherung eigener Flugplätze auf nahezu allen Kriegsschauplätzen eingesetzt.

Die Motorenwartung bei einer He 111 H-6. Die Maschinen dieses Typs zeichneten sich — wie die Ju 88 — durch eine leichte Zugänglichkeit der Flugmotoren aus.

Anbau eines Jumo 211 Triebwerks bei der Ju 88 A-5 des 1./KG 76 durch Techniker einer Frontwerft-Abteilung.

Als Schutz vor Staub und Witterungseinflüssen deckt man die Motoren dieser Ju 52 der KGzbV 172 ab. Die Besatzungen des Geschwaders rekrutierten sich bei Kriegsbeginn zunächst aus Mitarbeitern der »Deutschen Lufthansa«.

Bei dieser Ju 88 A-5 vom KG 54 sind die Sturzflugbremsen gut erkennbar.

Motorenwechsel bei einer He 177 A-5 mittels des aufgesetzten Spezialkrans, der sich auf der Tragfläche anbringen ließ und den Austausch der zunächst störungsanfälligen Motoren sehr erleichterte.

Mittels eines feldmäßigen Heißgeschirrs wurde der infolge einer Bruchlandung beschädigte BMW 801-Sternmotor ausgetauscht.

Inspektion des 2000 PS leistenden DB 605 AS einer Bf 109 K-4 während des letzten Kriegswinters.

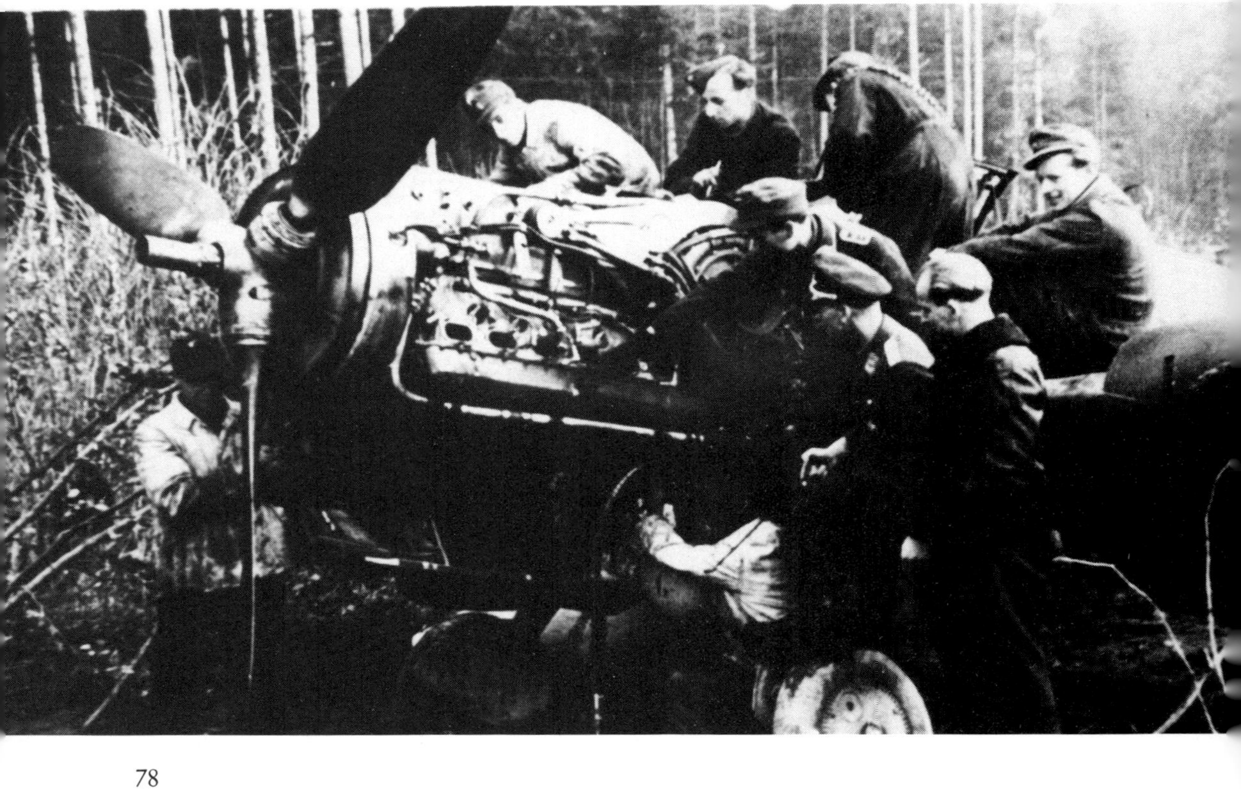

Nach dem Lösen der vier Schnellverschlüsse, ließ sich die vordere untere Fahrgestellverkleidung bei der Ju 87 B-1/B-2 problemlos abnehmen.

Gut erkennbar die Bremsölleitung und Lederverkleidug zum Schutz des massiven Innenrohres. Das Bremsrad wies eine Größe von 815 x 290 mm auf.

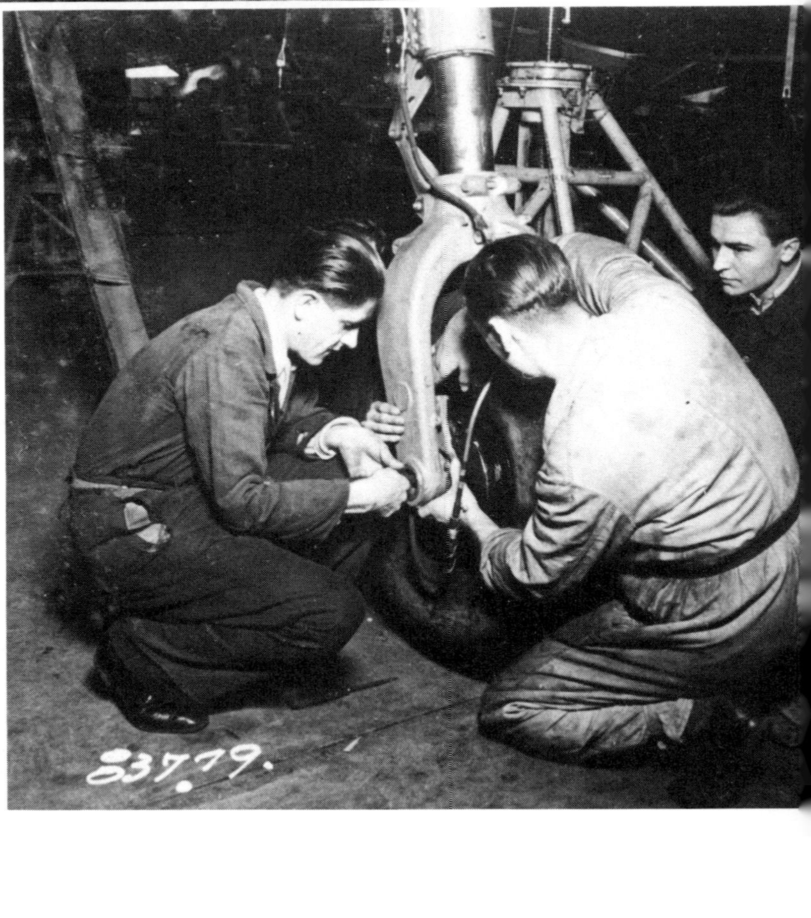

Montage an der Steckachse der Ju 87 B-1.

Die Do 217 K-1, hier mit einer nachtschwarzen Unterseite für den Nachteinsatz über England, besaß Doppelbremsräder der Größe 1200 x 450 mm.

Das Fahrwerk der He 111, mit 1140 x 410 mm großen Bremsrädern, ließ sich hydraulisch ein- und mittels eines Federkraftspeichers wieder ausfahren. Die Fahrwerksanzeige erfolgte entweder elektrisch oder im Notfall mechanisch.

Der serienmäßige Einhängerost 4 (ER 4), der für vier SC 50 Bomben Platz bot. Bei der Einsatzmaschine handelte es sich um eine Bf 109 F-4/R6.

Zwei SC 50 unter der linken Fläche einer Ju 87. Diese Abwurflast (zylindrische Splitterbombe) besaß ein Gesamtgewicht von 50 kg, wobei der Sprengstoffanteil 25 kg betrug. Die Abwurfwaffe hatte eine Länge von 1095 mm und einen Durchmesser von 200 mm.

Beladung einer He 111 B-0 mit SC 250 Bomben. Diese waren vertikal im Abwurfmagazin untergebracht. Das Hochhieven erfolgte mittels eines Seilzugs.

Detailaufnahme der Aufhängevorrichtung für die SC 250 unter dem Rumpf einer Ju 87 B. Gut erkennbar die Abwurfgabel, welche die Bombe während des Sturzangriffs aus dem Propellerkreis lenkte.

Ob die Aufschrift auf dieser SC 250 ernst gemeint war, dürfte wohl ewig ein Geheimnis bleiben.

Vier SC 250 als externe Abwurflast unter dem Rumpfwerk einer aus der A-6 zurückgerüsteten Ju 88 A-5. Das Sprengstoffgewicht jeder dieser Lasten betrug 135 kg.

Zwei im Bombenschacht einer Do 217 E-4 des KG 2 »Holzhammer« eingehängte SC 500. Die Aufnahme entstand im Winter 1942/43.

Transport einer schweren SC 500 mittels des Beladewagens zu der nahe eines getarnten Hangars abgestellten Do 217 E-2 des 5./KG 6 (3E+EN). Für ihren Einsatz als Nachtbomber verfügte die Maschine über ein Rückwärtswarngerät.

Interessante Beschriftung einer unter dem Rumpf einer He 111 H eingehängten SC 1000.

Die SC 1000 »Herrmann« hatte eine Länge von 2,80 m und 0,65 cm Durchmesser. Bei einem Sprengstoffinhalt von 530 kg besaß die Bombe einen Zerstörungsradius von 350 m. Dabei entstand ein Krater von bis zu 10 m Tiefe.

Neben den Sprengbomben fanden vielfach Brandbomben, in den AB 1000-Abwurfbehältern Verwendung. Nach dem Abwurf lösten sich 610 kleine B 1 Bomben und verteilten sich über eine Fläche von ca. 2000 m².

Die SC 2500 »Max« war mit 2430 kg Gewicht die schwerste Bombe der deutschen Luftwaffe. Auf den Sprengstoff entfielen 1700 kg des Gesamtgewichtes.

Sonderwaffen-Abwurferprobung mittels einer Fw 190. Beachtenswert der Kamerabehälter unter der Tragfläche des einsitzigen Jagdbombers.

Eine Erfindung von H.G. Bätcher zeigt diese Aufnahme. An zwei zusammengeschweißten, mit brennbarer Flüssigkeit gefüllten Fässern montierte man das Bug- und Heckteil einer SC 1000. Die an den Seiten angebrachten vier kleinen Bomben dienten zur Zündung. Die Abwurflast wurde in einen Fluß geworfen, nach der Explosion verwandelte sich die Umgebung in einen Flammenteppich, mit dem sich Holzbrücken in Brand setzen ließen.

Justierung und Überprüfung der Schußfolge der beiden durch den Propellerkreis der Bf 109 B schießenden MG 17.

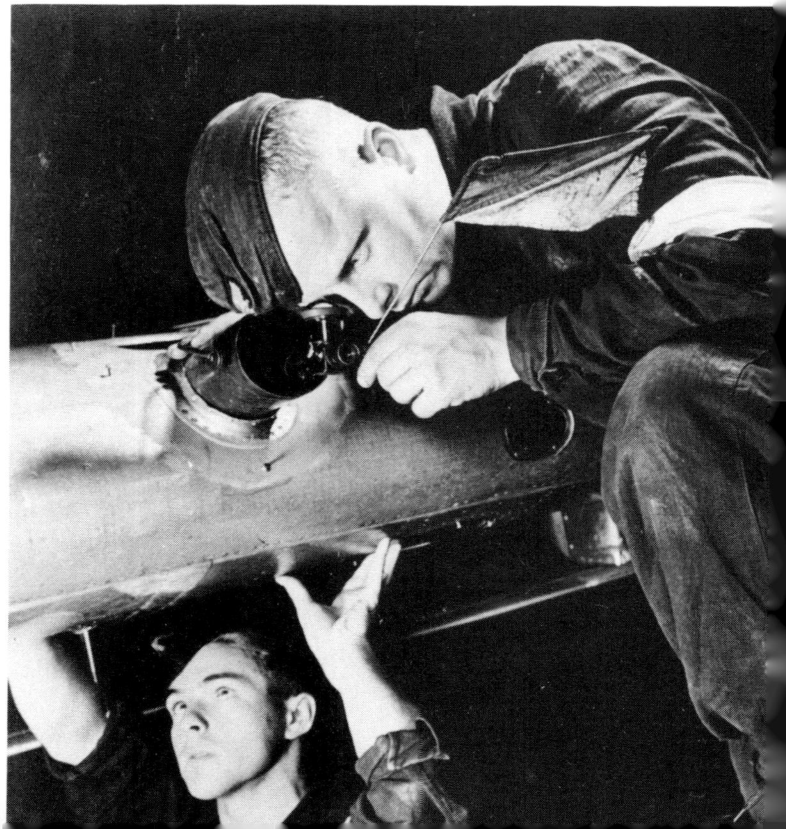

Einstellung der Flächenbewaffnung einer Ju 87 B-1. Die Fahne diente als Sicherungszeichen und zeigte die Schußbereitschaft an.

Waffenwarte beim Warten und Reinigen der MG 17 einer Bf 110 E-2 der 5. Staffel (Pik-As) der II./ ZG 26.

Detailaufnahme der zwei MG 17 in einer Fw 190 A-1.

Eine Bf 109 G-6/R-6 mit Flächengondeln MG 151/20 während des Einflugbetriebs. Abgeleitet wurde das MG 151/20, Kaliber 20,0 mm, aus dem MG 151 mit Kaliber 15,1 mm.

Ein Me 410 A-4-Zerstörer mit MG 151 Waffenanlage, die nachträglich zurückgerüstet wurde. Vormals besaß die Maschine eine BK 5 und trug die Bezeichnung Me 410 A-4/U-4.

Letzte Kontrolle der Versuchsausführung des MK 214, welche in der Me 262 A1a/U4 (V 083) »Pulkzerstörer« Ende Februar 1945 für Beschußversuche diente.

Eine Starrbewaffnung mit zwei MG 151/20 sahen die Konstrukteure für die Junkers Ju 288, hier eine Aufnahme der Attrappe, vor.

Musterbau des Nachtjägers Ju 388 J mit zwei BK 3,7 und FuG 212-Suchgerät aus dem Jahre 1944.

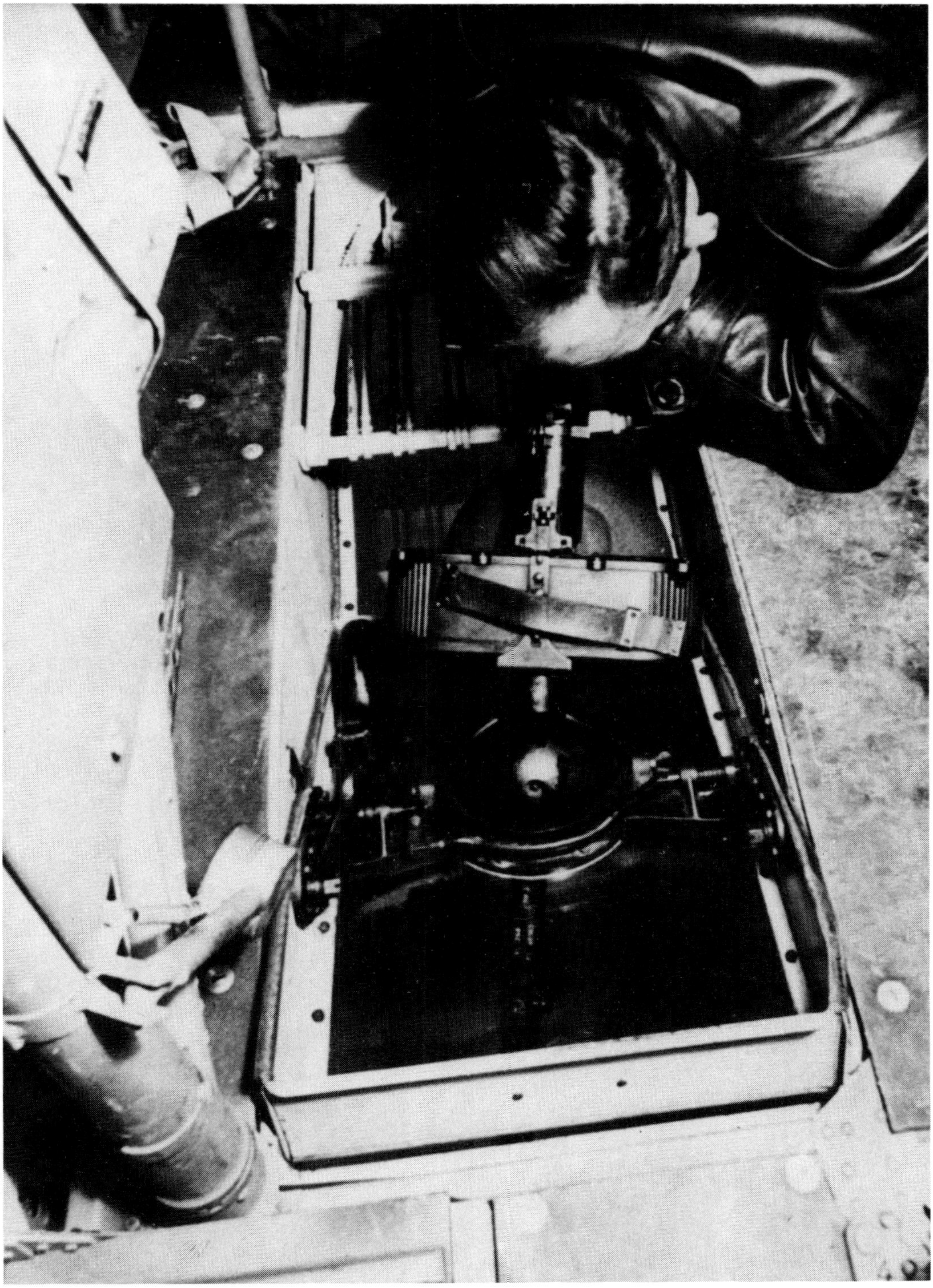

Boden-Kugellafette der Do 17 P/M mit MG 15.

Innenansicht des A-Standes einer He 111 H-3 mit dem MG 15. Das MG 15 entwickelte die Fa. Rheinmetall-Borsig 1932 aus dem MG 30. Das Trefferfeld betrug bei einer Schußentfernung von 100 m etwa 35 x 50 cm.

Die Abwehrbewaffnung der He 111 H-11 bestand unter anderem aus dem MG 17, welches das gleiche Kaliber wie das MG 15, aber eine mit 1200 Schuß/min zu 1050 Schuß/min höhere Schußfolge besaß. Die Durchschlagskraft betrug etwa 5 mm Panzerblech.

Das MG 81 stellte eine Weiterentwicklung des MG 15 mit einer Kadenz von 1600 Schuß/min dar. Die Waffe war hier als MG 81 Z (Zwilling) im Seitenstand einer He 111 montiert.

Fernbedienbarer Defensivstand an den Rumpfseiten einer Me 410 A-4.

Die Ju 88 V27 (WerkNr. 7027, D-AWLN) war ein Prototyp für die künftigen Ju 188-Baureihen. Der Erstflug der V27 fand am 27. Dezember 1941 statt.

Die 1:1-Attrappe der geplanten Junkers Ju 188 R mit FuG 202 und zwei MG 151 im B-Stand. Der rückwärtige Abwehrstand im sogenannten »Kampfkopf« erhielt ein MG 131.

Mock-up des Bugstandes einer Ju 290 A-7 mit MG 151/20-Zwilling und einem FuG 200 Schiffssuchgerät. Die Testflüge dieses Typs begannen im Frühjahr 1944, die Produktion lief im Sommer des gleichen Jahres an.

Werksaufnahme der HD 151-Waffenanlage, die meist bei mehrmotorigen Kampfflugzeugen installiert wurde.

Bodenstand mit Visier, aber ohne Waffe, der aus der Ju 290 A-1 umgerüsteten A-3 (WerkNr 0157), die ab dem 19. Juni 1943 bei der E-Stelle Rechlin erprobt wurde.

Seitenansicht des MG 151, welches eine Länge von 1917 mm hatte. Im Hintergrund ein Ju 88-Prototyp mit der nur unvollständig erkennbaren Kennung +SO in Dessau.

Der Entwurf für das MG 131 stammte aus dem Jahre 1933. Die Erprobung begann am 1. Juli 1938 unter anderem im Rumpfstand des Do »Wal«.

Modifizierte Heckstand-Attrappe der Ju 290 mit einem einzelnen MG 151/20.

Holzmodell des Heckwaffenstandes HL 131Z/1 bei der Ju 188, das im November 1943 in Tarnewitz untersucht wurde. Die spätere Erprobung des Seriengeräts verzögerte sich infolge des schlechten Wetters erheblich.

Ausführung der zuvor gezeigten Holzattrappe des HL 131Z/1 bei der Ju 188 G, hier der Ju 188 V1, welche erstmals am 12. Juni 1943 flog. Die geplante Version Ju 188 G-2 sollte zwei Jumo 213 A-2 als Antrieb erhalten.

Modell der Hecklafette HL 131V (V = vier Waffen), das 1944 für die Ju 290 vorgesehen war.

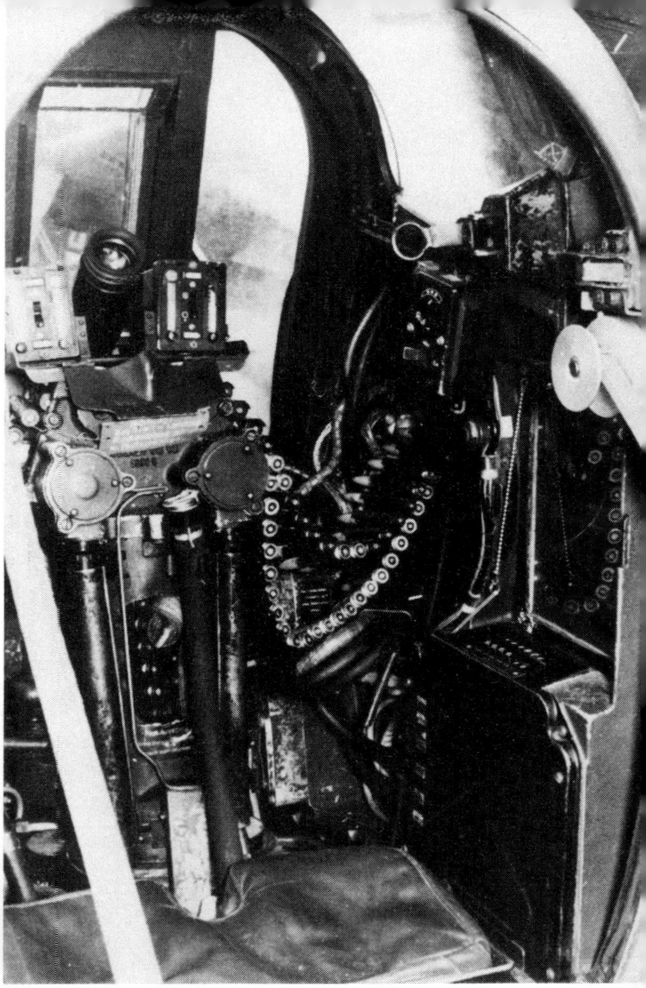

Versuchsweiser Einbau des HL 131V im Heck einer He 177 im Jahre 1943.

Fernbedienter MG 131-Heckstand einer Ju 388 während der Erprobung in Dessau.

Musterausführung für die Ju 88 P-1 mit BK 7,5. Die Länge der Waffe betrug 6105 mm, das Gewicht belief sich auf 705 kg. Entwickelt wurde die BK 7,5 aus der Panzerabwehrkanone 40L.

Truppenerprobung der Ju 88 P-1. Jede der Panzersprenggranaten, zwölf Geschosse befanden sich im Magazin, hatte ein Gewicht von 11,9 kg.

Die Ju 87 D-4, als Torpedoträger für den LT F 5B geplant, basierte auf der D-1 und D-3 Serie. Zum Einsatz kam der Typ nicht, weil sich die He 111 J-6, sowie die Ju 88 A-17, an Geschwindigkeit, Reichweite und Zuladung als überlegen zeigten.

Ab Anfang 1942 befand sich der Torpedo F 5B im scharfen Einsatz. Der Lufttorpedo hatte eine Länge von 4,98 m und einen Durchmesser von 0,45 m. Das Foto zeigt eine Übungsversion, deutlich erkennbar am auffälligen Anstrich.

Der F 5B trug eine 200 kg Sprengladung. Der Torpedo erreichte im Wasser eine Geschwindigkeit von 60 km/h. Die He 111 H-6 konnte wie auch die Ju 88 A-4/torp. zwei dieser Abwurfwaffen mitführen.

Einsatzversion des LT F 5B unter dem Rumpfwerk der He 111 H-6, (VE+CH), im Spätsommer 1943.

Um außerhalb der Reichweite der Schiffsflak zu bleiben, versah man den LT 950 mit einem Gleiter. So konnte der Lufttorpedo in sicherer Entfernung ausgelöst werden. Der Nachteil bestand darin, daß die angegriffene Schiffbesatzung bei Beobachtung des Abwurfs meist genug Zeit zu Ausweichmanövern hatte. Gut erkennbar ist das aufwendige Steuerungssegment am Kopf des Gleiteroberteils.

Ein Betontorpedo (LT 950 B) während der Erprobung des Gleiters im Jahre 1942.

Übungstorpedo LT 950 D mit Gleiter vor einer Ju 188 A-3 im Spätsommer 1944. Das Funkrufzeichen des mittleren Bombers lautete PL + TS.

Die Luftwaffe im Einsatz

Verbände und Gliederungen der Luftwaffe

Am 8. Mai 1920 wurden durch den Chef der Heeresleitung, General von Seeckt, die deutschen Luftstreitkräfte offiziell aufgelöst. In Versailles hatten sich die Siegermächte auf ein nur 100.000 Mann umfassendes deutsches Heer mit streng definierter Ausrüstung geeinigt.
Erst ab dem 14.4.1922 durften in Deutschland wieder Flugzeuge, wenn auch ohne Bewaffnung und mit eingeschränkten Flugleistungen, gebaut werden. Die während der Ruhrkrise in den Niederlanden bestellten 100 Jagdeinsitzer des Typs Fokker D XIII kamen bekanntlich nicht zum Einsatz, dienten jedoch später der Ausstattung des Ausbildungszentrums Lipezk in der Sowjetunion. In enger Kooperation mit der Roten Armee wurden dort ab 1924 nicht nur Flugzeugführer einsatzmäßig geschult, sondern darüber hinaus neues Material Tests unter Einsatzbedingungen unterzogen. Außerdem waren bis zum 1.11. 1930 für den sogenannten A-Fall (Kriegsausbruch) sicherheitshalber etwa 300 Heeres- und 40 Marineflieger ausgebildet worden. Unter diversen, vielsagenden Tarnbezeichnungen wurde von nun an die geheime Schulung noch intensiviert. Gleichzeitig bezog man die Deutsche Lufthansa ins Ausbildungskonzept mit ein. Die sogenannten »Reichsbahnstrecken« dienten zur fliegerischen Einweisung im Nacht- und Schlechtwetterflug der künftigen Bomberbesatzungen.
Bereits bis zum 30.9.1935 sollten 4.021 Maschinen beschafft werden. Ende 1934 waren davon immerhin schon 676 geliefert, ferner kamen noch 1.238 Schulflugzeuge hinzu. Ab Anfang 1935 wurden die ersten mit der He 45/46 ausgerüsteten Aufklärungsstaffeln aufgestellt. Die schnelle He 70 folgte dann wenig später, 1937 kam die Do 17 hinzu, außerdem die Ar 68, die He 51 und schließlich noch die für ihre Zeit ungemein schnellen Bf 109-Jäger.
Als kleinste fliegende Einheit gab es in der Luftwaffe von je her die »Staffel«, drei und mehr dieser Staffeln bildeten die »Gruppe«, und diese wiederum das »Geschwader«. Mehrere »Geschwader« formierten sich zur »Fliegerdivision«, diese dann zum »Fliegerkorps« und schließlich zur »Luftflotte«. Die bei der Luftwaffe eingeführte taktische Kennung sollte die Zugehörigkeit des jeweiligen Flugzeugs verschleiern. Folgende Kennungen sind bekannt:

A1+	Kampfgeschwader ZG 53
A2+	I./Zerstörergesschwader ZG 52, später II./Zerstörergeschwader ZG 2
A3+	Kampfgeschwader KG 200
A5+	I./Stukageschwader StG 1, später: Schlachtgeschwader SG 1
A6+	Aufklärungsgruppe 120
B3+	Kampfgeschwader KG 54
B4+	Nachtjagdgeschwader NJG 3 (Norwegen)
C2+	Aufklärungsgruppe 41
C6+	Aufklärungsgruppe 121 Transportgruppe z.b.V. 600
C8+	Transportgeschwader TG 8
C9+	Nachtjagdgeschwader NJG 5
D1+	Seeaufklärungsgruppe 126
D5+	Nachjagdgeschwader NJG 3

D7+	Wekusta 1
D9+	Nachtjagdgruppe NJGr. 10 sowie NJ-Staffel Finnland/Norwegen
E6+	Aufklärungsgruppe 122
E7+	Kommando der Erprobungsstelle
F1+	Kampfgeschwader KG 76
F2+	Ergänzungs-Fernaufklärungsgruppe
F6+	Aufklärungsgruppe 122
F7+	Seeaufklärungsgruppe 130
F8+	Kampfgeschwader KG 40
G1+	Kampfgeschwader KG 55
G2+	Aufklärungsgruppe 124
G6+	Kampfgeschwader z.b.V. 6
G9+	Nachtjagdgeschwader NJG 1, zweitweise: Zerstörergeschwader ZG 1
H1+	Aufklärungsgruppe 10
H4+	Luftlandegeschwader LLG 1
H8+	Aufklärungsgruppe 33
J2+	Nahaufklärungsgruppe 33
J4+	Transportstaffel 290, später: Transportstaffel 5
J9+	I. (Stuka)/Trägergeschwader 186
K1+	Stabsschwarm Luftflotte 6
K6+	Küstenfliegergruppe 406
K7+	Nachtaufklärungsgruppe
K9+	3./Aufklärungsgruppe ObdL
L1+	Lehrgeschwader LG 1
L2+	Lehrgeschwader LG 2
L5+	Kampfgruppe z.b.V. 5
M2+	Küstenfliegergruppe KüFlGr 106
M7+	Küstenfliegergruppe KüFlGr 806
M8+	I. und II./Zerstörergeschwader ZG 76
N3+	Kampfgruppe z.b.V. 172
P1+	Kampfgeschwader KG 60 (geplant)
P2+	Aufklärungsgruppe 21
P4+	Führungskette des X. Fliegerkorps
P5+	Sonderstaffel Transozean (Do 26)
R4+	Nachtjagdgeschwader NJG 2
S1+	Stukageschwader StG 2
S2+	Stukageschwader StG 77, später: Schlachtgeschwader SG 77
S3+	Transportgruppe TGr 30
S4+	Küstenfliegergruppe KüFlGr 506
S7+	Stukageschwader StG 3, später: Schlachtgeschwader SG 3
S9+	Erprobungsgruppe 210, später: Schnellkampfgeschwader 210
T1+	Aufklärungsgruppe 10
T3+	Bordfliegergruppe 196
T5+	1. und 2./Aufklärungsgruppe ObdL, später: 1./Fernaufklärungsgruppe 100
T6+	Aufklärungsgruppe 122
T9+	Versuchsverband ObdL
U5+	Kampfgeschwader KG 2
U8+	I./Zerstörergeschwader ZG 26
V4+	Kampfgeschwader KG 1
V7+	Aufklärungsgruppe 32
V8+	Nachtschlachtgruppe 1
W1- W6+	freigehalten für Me 331-Verbände
W7+	Nachtjagdgeschwader NJG 100
W8- W9+	freigehalten für Me 321-Verbände
X4+	Lufttransportstaffel 222, sowie: Seeaufklärungsgruppe 129
Z6+	Kampfgeschwader KG 66
1B+	Wetterstaffel 5 (Luftwaffe 5)
1G+	Kampfgeschwader KG 27
1H+	Kampfgeschwader KG 26
1K+	Nachtschlachtgruppe NSG 4
1R+	Kurierstaffel Finnland
1T+	Kampfgruppe z.b.V. 126
1Z+	Kampfgruppe z.b.V. 1, später: Transportgeschwader TG 1
2F+	Kampfgeschwader TG 54 (übergangsweise)
2H+	Zerstörerversuchsstaffel 210
2J+	Zerstörergeschwader ZG 1
2N+	Zerstörergeschwader ZG 76
2P+	Führungskette X. Fliegerdivision
2S+	Zerstörergeschwader TG 2
2Z+	Nachtjagdgeschwader NJG 6
3C+	Nachtjagdgeschwader NJG 4
3E+	Kampfgeschwader KG 6
3J+	Nachtjagdgeschwader NJG 3
3K+	Minensuchgruppe der Luftwaffe
3M+	I./Zerstörergeschwader ZG 2
3U+	II./Zerstörergeschwader ZG 26
3W+	Nachtschlachtgruppe NSG 11
3X+	II./Kampfgeschwader KG 1
3Z+	Kampfgeschwader KG 77
4A+	IV./Zerstörergeschwader ZG 26

4C+	Nachtjagdstaffel/KG 40 sowie Kommando Kunkel
4D+	Kampfgeschwader KG 30
4E+	Aufklärungsgruppe 13
4N+	Aufklärungsgruppe 22
4R+	Teile des Nachtjagdgeschwaders NJG 2
4U+	Aufklärungsgruppe 123
4V+	Kampfgruppe z.b.V. 172, später: Transportgeschwader TG 4
5D+	Aufklärungsgruppe 31
5F+	Aufklärungsgruppe 14
5J+	Kampfgeschwader KG 4
5K+	Kampfgeschwader KG 3
5M+	Wekusta 26
5T+	Kampfgeschwader KG 101
6G+	III./Stukageschwader StG 51, später: II./Stukageschwader StG 1
6I+	Küstenfliegergruppe 706
6K+	Aufklärungsgruppe 41
6M+	Aufklärungsgruppe 11, später: Nahaufklärungsgruppe 8
6N+	Kampfgruppe KGr 100, später: Kampfgeschwader KG 100
6R+	Seeaufklärungsgruppe 127
6U+	Zerstörergeschwader ZG 1
6W+	Borderfliegergruppe 196, später: Seeaufklärungsgruppe 128
6Z+	Transportgruppe Herzog
7A+	3./Aufklärungsgruppe 121
7J+	Nachtjagdgeschwader NJG 102
7R+	Seeaufklärungsgruppe 125
7T+	Kampfgruppe 606
7Ü+	Kampfgruppe z.b.V. 108
7V+	Kampfgruppe z.b.V. 700
8H+	Aufklärungsgruppe 33
8L+	Küstenfliegergruppe 906
8T+	Kampfgruppe z.b.V. 800, später: Transportgeschwader TG 2
8V+	Nachtjagdgeschwader NJG 200
9K+	Kampfgeschwader KG 51
9P+	Kampfgruppe z.b.V. 9
9V+	Fernaufklärungsgruppe FAG 5
9W+	Nachtjagdgeschwader NJG 101

Vom Blitzkrieg zur Defensive

Über die Zeit des überhasteten Aufbaus der Luftwaffe mit allen seinen Fehlern und Erfolgen ist bislang viel geschrieben worden, so daß es genügen mag, nur auf einige wesentliche Ereignisse näher einzugehen. Infolge der Siege während der »Blitzkriege« in Polen und Westeuropa zog die höchste Luftwaffenführung vorläufig falsche Schlüsse. Die Luftnahunterstützung, so wichtig sie auch immer gewesen sein mag, sowie eine verhemente »Stuka-Manie« bildeten die Ausgangspunkte für die Fehlinterpretation der späteren Ereignisse.
Bereits im Jahre 1935 war auch in Deutschland das Buch »Luftherrschaft« (Il dominio dell'aria) von Giulio Douhet erschienen, an dessen Thesen man sich leicht hätte orientieren können. Seine wesentlichen Aussagen lauteten:

—»Die Luftherrschaft erobern, heißt soviel wie siegen.«
—»In der Luft geschlagen zu werden, bedeutet hoffnungslos besiegt zu sein.«
—»Die Luftflotte muß in Massen eingesetzt werden.«
—»Der Gegner muß in seiner Etappe, seinen Produktionsgebieten... vernichtet werden.«

Die von Douhet geforderten schweren, von entsprechenden »Luftstreitkräften besonderen Charakters« (gemeint sind Langstreckenjäger, Anm. d. Verf.) gut geschützten eigenen Bomberkräfte sollten mithin zum Entscheidungsfaktor in einem künftigen Luftkrieg werden. Doch in Deutschland wurde schon vor Kriegsbeginn die Erprobung der vielversprechenden Do 19 wie auch der überaus robusten Ju 89 eingestellt, das mittelschwere Kampfflugzeug und eine Vielzahl unterschiedlicher Schlacht- und Luftnahunterstützungs-Flugzeuge wurde immer stärker favorisiert. Der Wunsch nach sturzkampffähigen Kampfflugzeugen hinderte Göring und seine maßgeblichen Mitarbeiter, die Zeichen der Zeit richtig zu deuten. Man verharrte in der Auffassung, daß nicht nur die Ju 87, sondern am besten zugleich alle mittelschweren und schweren Kampfflugzeuge, bspw. die Ju 288, aber auch die He 177, unbedingt sturzkampffähig sein müßten. Die hierdurch eintretenden Zeitverluste bei Planung, Konstruktion und Erprobung sollten den endgültigen Ausgang des Zweiten Weltkrieges sehr nachhaltig beeinflussen. Für die kommenden Blitzkriege gegen weniger gut gerüstete oder zumindest unglücklich geführte Armeen schien eine Ausrüstung der Luftwaffenverbände mit der Bf 109 und der He 111 ausreichend zu sein. Für strategische Einsätze fehlten auch weiterhin die schweren Bomber, wie es die gefechtsmäßige Gliederung der Luftwaffe vom 1.9.1939 klar zu erkennen gibt:

Luftwaffen Lehrdivision

Stab(K)/LG 1	Greifswald	10 He 111
II.(K) LG 1	Neubrandenburg	41 He 111
III.(K) LG 1	Greifswald	40 He 111
10.(See)/LG 1	Travemünde	9 He 111
IV.(Stuka)/LG 1	Barth	39 Ju 87
Stab/LG 2	Jüterbog-Damm	3 Bf 109
I.(J)/LG 2	Garz	36 Bf 109
I.(Z)/LG 2	Barth	32 Bf 110 und 3 Do 17
II.(N)/LG 2	Garz	10 Bf 109
7.(F)/LG 2	Jüterbog-Damm	12 Do 17
8.(F)/LG 2	Jüterbog-Damm	12 Do 17
9.(H)/LG 2	Jüterbog-Damm	11 Hs 126

Luftflotte 1

1.(H)/10	Neuhausen	11 Hs 126
2.(H)/10	Neuhausen	12 Hs 126
1.(H)/11	Grossenhain	9 Hs 126 und 3 Hs 46
1.(H)/21	Stargard	12 Hs 126
2.(H)/21	Stargard	12 Hs 126
3.(H)/21	Stargard	11 Hs 126
4.(H)/21	Stargard	9 Hs 45
1.(H)/41	Reichenberg	12 Hs 126
2.(H)/41	Reichenberg	11 Hs 126

3.(H)/41	Reichenberg	9 Hs 126 und 2 He 46
3.(F)/10	Neuhausen	12 Do 17
3.(F)/11	Grossenhein	12 Do 17
3.(F)/11	Grossenhain	10 Do 17
4.(F)/11	Grossenhain	11 Do 17
1.(F)/120	Neuhausen	13 Do 17
1.(F)/121	Prenzlau	11 Do 17
2.(F)/121	Prenzlau	10 Do 17
3.(F)/121	Prenzlau	12 Do 17
4.(F)/121	Prenzlau	11 Do 17
I./JG 1	Seerappen	54 Bf 109
I./JG 21	Jesau	29 Bf 109
I./JG 2	Döberitz	42 Bf 109
10.(N)/JG 2	Fürstenwalde	9 Bf 109
1. und 2./JG 20	Fürstenwalde	21 Bf 109
Stab/JG 3	Bernburg	3 Bf 109
I./JG 3	Zerbst	48 Bf 109
I./ZG 1	Jüterbog-Damm	32 Bf 110
II./ZG 1 (JGr. 101)	Fürstenwald	36 Bf 109
I./ZG 2 (JGr. 102)	Bernburg	44 Bf 109
Stab/KG 1	Neubrandenburg	7 He 111
I./KG 152 (später II./KG 1)	Neubrandenburg	37 He 111
I./KG 1	Kolberg	38 He 111
Stab/KG 2	Cottbus	11 Do 17
I./KG 2	Liegnitz	37 Do 17
II./KG 2	Liegnitz	35 Do 17
Stab(KG 3	Elbing	9 Do 17
II./KG 3	Heiligenbeil	36 Do 17
III./KG 3	Heiligenbeil	39 Do 17
I./KG 25	Rechlin	18 Ju 88
Stab/KG 4	Erfurt	6 He 111
I./KG 4	Gotha	31 He 111
II./KG 4	Erfurt	32 He 111
III./KG 4	Nordhausen	33 He 111
I./St.G 1	Insterburg	35 Ju 87 und 3 Do 17
I./St.G 2	Cottbus	38 Ju 87
III./St.G 2	Stolp-Reitz	38 Ju 87
III./St.G 2	Langensalza	40 Ju 87
II.(Schl.)/LG 2	Tutow	40 Hs 123

Luftflotte 2

I.(H)/12	Münster-Loddenheide	12 Hs 126
2.(H)/12	Münster-Loddenheide	12 Hs 126
3.(H)/12	Münster-Loddenheide	9 Hs 126, 10 He 46, 3 He 45
4.(H)/22	Kassel-Rothwesten	12 Hs 126
1.(F)/22	Kassel-Rothwesten	11 Do 17
2.(F)/22	Kassel-Rothwesten	12 Do 17
3.(F)/22	Kassel-Rothwesten	12 Do 17
1.(F)/122	Goslar	6 Do 17
2.(F)/122	Goslar	12 Do 17
3.(F)/122	Goslar	12 Do 17
I./JG 26	Köln-Ostheim	48 Bf 109
II./JG 26	Düsseldorf	48 Bf 109
10.(N)/JG 26	Düsseldorf	9 Bf 109
I./ZG 26	Dortmund	52 Bf 109
II./ZG 26	Werl	48 Bf 109
III./ZG (JGr. 126)	Lippstadt	49 Bf 109
Stab/KG 26	Lüneburg	8 He 111
I./KG 26	Lübeck-Blankensee	32 He 111
II./KG 26	Lüneburg	35 He 111
Stab/KG 27	Hannover-Langenhagen	6 He 111
I./KG 27	Hannover-Langenhagen	34 He 111
II./KG 27	Wunstorf	26 He 111
III./KG 27	Delmenhorst	28 He 111
II./KG 28	Güterloh	35 He 111

Luftflotte 3

1.(H)/13	Göppingen	12 Hs 126
2.(H)/13	Göppingen	11 Hs 126
3.(H)/13	Göppingen	12 Hs 126
4.(H)/13	Göppingen	9 Hs 126 und 3 He 46
5.(H)/13	Göppingen	9 Hs 126 und 3 He 45
1.(H)/23	Eschwege	12 Hs 126
2.(H)/23	Eschwege	12 He 46
4.(H)/23	Eschwege	9 He 46 und 3 He 45
1.(F)/123	Würzburg	12 Do 17
2.(F)/123	Würzburg	12 Do 17
3.(F)/123	Würzburg	13 Do 17
I./JG 51	Bad Aubling	47 Bf 109
I./JG 52	Böblingen	39 Bf 109
I./JG 53	Wiesbaden-Erbenheim	51 Bf 109
II./JG 53	Mannheim-Sandhofen	43 Bf 109

1. und 2./JG 70	Nürnberg	24 Bf 109
1./JG 71	Friedrichshafen	15 Bf 109
2./JG 71	Friedrichshafen	24 Bf 109
10.(N)/JG 72	Mannheim-Sandhofen	16 Ar 68
I./ZG 26	Dortmund	52 Bf 109
I./ZG 52 (Gr. 152)	Illesheim	44 Bf 109
Stab/KG 51	Landsberg	6 He 111 und 3 Do 17
I./KG 51	Landsberg	36 He 111
III./KG 51	Memmingen	36 He 111
Stab/KG 54	Fritzlar	9 He 111
I./KG 54	Fritzlar	36 He 111
Stab/KG 55	Gießen	9 He 111
I./KG 55	Langendiebach	33 He 111
II./KG 55	Gießen	31 He 111
III./St.G 51	Wertheim	40 Ju 87 und 3 Do 17

Luftflotte 4

1.(H)/14	Köttingsbrunn	9 Hs 126 und 3 He 45
2.(H)/14	Köttingsbrunn	2 Hs 126
3.(H)/14	Köttingsbrunn	9 Hs 126 und 3 He 46
1.(H)/31	Brieg	9 Hs 126
2.(H)/31	Brieg	8 He 46
4.(H)/31	Brieg	9 He 46 und 3 He 45
4.(H)/14	Köttingsbrunn	11 Do 17
3.(F)/31	Brieg	12 Do 17
1.(F)/124	Wiener Neustadt	11 Do 17
I./JG 76	Wien-Aspern	49 Bf 109
I./JG 77	Breslau	50 Bf 109
II./JG 77	Pilsen	50 Bf 109
I./ZG 76	Olmütz	31 Bf 110
II./ZG 76	Gablingen	40 Bf 109
Stab/KG 76	Wiener Neustadt	9 Do 17
I./KG 76	Wiener Neustadt	36 Do 17
III./KG 76	Wels	39 Do 17
Stab/KG 77	Prag/Kbely	9 Do 17
I./KG 77	Prag-Kbely	37 Do 17
II./KG 77	Brünn	39 Do 17
III./KG 77	Olmütz	34 Do 17
Stab/St.G 77	Breslau-Schöngarten	3 Ju 87
I./St.G 77	Brieg	40 Ju 87
II./St.G 77	Breslau-Schöngarten	42 Ju 87
I./St.G 76	Graz	39 Ju 87 und 3 Do 17

Stab(KGzbV 1	Fürstenwald, Burg		
I./KGzbV 1	Burg		
II./KGzbV 1	Stendal		
III./KGzbV 1	Berlin-Tempelhof		
IV./KHzbV 1	Braunschweig		
Stab/KGzbV 2	Neuruppin	insgesamt	496 Ju 52
I./KGzbV	Tutow		
II./KGzbV 77	Fassberg		
III./KGzbV 2	Lechfeld		
I./KgzbV 172	Berlin-Tempelhof		
II./KGzbV 172	Berlin-Tempelhof		
10./KGzbV 172	Berlin-Tempelhof		
KGr.zbV 9	Berlin-Tempelhof		56 Ju 52, Fw 200, 1 Ju 90 und 1 Ju G38

Marineflieger-Verbände (Nordsee)

Stab/KüFlGr. 106	Norderney		
1.(Mz)/KüFlGr. 106	Norderney		
2.(F)/KüFlGr. 106	Norderney	insgesamt	
3.(Mz)/KüFlGr. 106	Borkum		31 He 59
1.(Mz)/KüFlGr. 306	Norderney		54 He 60
Stab/KüFlGr. 406	List/Sylt		36 Do 18
1.(M(/KüFlGr. 406	List/Sylt		8 He 115
2.(F)/KüFlGr. 406	List/Sylt		
3.(Mz)/KüFlGr. 406	List/Sylt		
1./Bordfliegergruppe 196	Wilhelmshaven		6 Ar 196

Marineflieger (Ostsee)

Stab/KüFl.Gr. 500 (KGr. 806)	Dievenow		
1.(M(/KüFlGr. 506	Dievenow		
2.(F)/KüFlGr. 506	Dievenow		27 He 60
3.(Mz)/KüFlGr. 506	Dievenow	insgesamt	27 Do 18
Stab/KüFlGr. 706	Kamp bei Kolberg		21 He 111
1.(M)/KüFlGr. 706	Kamp bei Kolberg		
3.(Mz)/KüFlGr. 706	Kamp bei Kolberg		
2.(F)/KüFlGr. 606	Kamp bei Kolberg		
5./BFIGr. 196	Kiel-Holtenau		6 Ar 196
4./St.(/TrGr. 186	Kiel-Holtenau		12 Ju 87
5. u. 6. (J)/TrGr. 186	Kiel-Holtenau		24 Bf 109

Im Hangar abgestellte Heinkel He 51 B Jagdflugzeuge der 1. Staffel der I./JG 132 im September 1936. Im Hintergrund sind auch einige Zivilmaschinen zu erkennen.

Eine Aufnahme der Heinkel He 112 V4, Musterflugzeug für die A-Baureihe, während des internationalen Meetings 1937 in Dübendorf/Schweiz. Die Maschine nahm im Oktober 1937 an der großen Luftfahrtausstellung in Mailand teil.

Drei für den Export bestimmte He 112 E, eine modifizierte Version der B-1 Baureihe, während des Vorwärmens der Triebwerke. Als Motor fand der Jumo 210 Ea mit 720 PS Verwendung.

Eine He 112 B der auf dem Fliegerhorst Oschatz im September 1938 stationierten IV./JG 132. Die Maschine hatte eine Spannweite von 9,10 m sowie eine Länge von 9,30 m. Die Geschwindigkeit betrug 510 km/h.

Diese Bf 109 E gehörte zur I./JG 136, die später in der II./JG 333 aufging. Nach einer nochmaligen Umstellung entstand daraus die II. Gruppe des JG 77.

Jäger unter sich!

Für ein typisches Propaganda-Foto machen es sich die beiden Piloten vor ihrer Einsatzmaschine gemütlich.

Die Abwehr eines Angriffs der 15. USAAF simulieren diese Flugzeugführer auf einem rumänischen Flugplatz bei Ploesti. Im Hintergrund eine Bf 109 G-2 sowie einige rumänische Jäger.

Einen ungewöhnlichen Weg, sich aus einer drohenden »Matt«-Stellung zu befreien, zeigen diese Piloten der III./JG 3, die zum Alarmstart an ihre Fw 190 A-1 eilen.

Ein zum Platzschutz eingesetzter Pilot begibt sich in seine flugklare Fw 190 A-3, die 1943 auf dem Fliegerhorst in Cognac stationiert war.

Eine Fw 190 A-2 des JG 5 in Norwegen.

Auf einem Flugplatz in Finnland abgestellte Fw 190 der 4./II./JG 54. Im Hintergrund eine finnische Brewster »Buffalo«.

Durch den Einsatz von Turbinenjägern, hier eine Me 262 A-1a in Lechfeld im Spätsommer 1944, erhoffte sich die Luftwaffenführung eine schnelle Wende im Luftkrieg.

Oberleutnant Müller von der III. (Erg.)/JG 2 auf der Tragfläche seiner Me 262 A-1a, die aus der Leipheimer Produktion stammte.

Nach Einbau des FuG 218 V und FuG 226 diente die WerkNr. 170056 ab dem 3. Januar 1945 als neues, zweites Versuchsmuster für den einsitzigen Nachtjäger sowie der Bremsen- und Stabilitätserprobung.

Von US-Truppen bei Innsbruck vorgefundene Me 262 A-1a des Jagdverbandes 44.

Mit dem Raketenjäger Me 163 B unternahm die Jägerführung den Versuch, in großer Höhe einfliegende gegnerische Kampfflugzeuge abzufangen. Dies gelang wegen der geringen Reichweite des Interceptors nicht immer. Das Foto zeigt eine Maschine während der Truppenerprobung beim JG 400 in Brandis.

Startklare Me 163 B, ebenfalls in Brandis, etwa Ende 1944. Die weiße Wolke an der Rumpfunterseite stammte vom Dampfanlasser, welcher die Treibstofförderpumpen in Betrieb setzte.

Ein Raketenjäger des JG 400 beim Start. Am Triebwerksausgang ist ein Mach'scher Knoten erkennbar, der durch die hohe Austrittsgeschwindigkeit des Abgasstrahls entsteht.

Zunächst als »Volksjäger« geplant, erwies sich die fliegerische Handhabung der He 162 als wesentlich komplizierter und war nur durch erfahrene Piloten sicher zu beherrschen.

Abgestellte He 162 A-2 des I.(Einsatz)/JG 1 in Leck.

Abtransport einer He 162 A-2 des JG 1 durch alliierte Truppen. Auf der Rumpfseite befinden sich die früher eingeführten Wappen des Verbandes.

Die Baureihe Bf 110 C-4/B war mit ETC 250 ausgerüstet. Die hier gezeigte Maschine gehörte zum ZG 1. Charakteristisches Merkmal für die 1. und 2. Staffel, war die farbenfrohe Wespe am Rumpfbug.

Mehrere Bf 110 F-2 im engen Formationsflug. Beachtenswert bei der vorderen Maschine ist die noch ausgefahrene Einstiegsleiter.

Die Bf 110 E-2 fand während der taktischen Nachschulung der frisch zugewiesenen Flugzeugführer gegen Ende des Kriegs bei den Ergänzungsgruppen Verwendung.

Von einem Zerstörergeschwader aus dem Mittelmeerraum wurde diese Bf 110 G-2 für die Schulung übernommen.

Der sogenannte »Blitzkrieg« gegen Polen war nicht der »Spaziergang« der Luftwaffe gegen einen weit unterlegenen Gegner, wie es gelegentlich dargestellt wurde, laut den Aufstellungen des Generalquartiermeisters vom 5.10.1939 mußten 285 Maschinen als Totalverlust, weitere 279 Flugzeuge als mehr oder minder stark beschädigt gelten. Die ponischen operativen Verluste betrugen 333 von 397 Maschinen bei den Einsatzkräften. Es war nicht gelungen, die polnischen Kräfte bereits am Boden zu vernichten, die »Bomberbrigade« flog noch bis zum 16.9.1939 gegen vordringende deutsche Divisionen verzweifelte Tiefangriffe. Dies darf jedoch nicht darüber hinwegtäuschen, daß im gesteuerten Zusammenwirken von Luftnahunterstützung und sonstigem Luftwaffeneinsatz der Vormarsch der Panzer- und Infanterie-Verbände wesentlich beschleunigt wurde. Der einzige schwere Luftangriff traf Warschau am 25.9.1939 und führte bald darauf zur Übergabe der Stadt. Die im »Polenfeldzug« gemachten Erfahrungen sollten als theoretische Grundlagen für die künftigen Operationen der Luftwaffenführung dienen, das bloße Wort »Blitzkrieg« wurde bald zu einem gefürchteten Begriff.
Kurze Zeit später erfolgte der deutsche Angriff auf Frankreich, gleichzeitig griffen Fallschirmjäger und -pioniere mit Lastenseglern wichtige Festungswerke und Brükken im gegnerischen Hinterland an. Da diesen Verbänden schwere Waffen fehlten, war es schwierig, die errungenen Erfolge auf Dauer zu sichern. Auch hatte der erste massierte Einsatz in Norwegen den holländischen Generalstab gewarnt; man stellte sich auf Luftlandungen, etwa im Raum Ypenburg bei Den Haag, ein, was den Verlust von insgesamt 220 Transportflugzeugen, zumeist Ju 52, zur Folge hatte. Noch weit mehr der robusten, dreimotorigen Transporter fielen zeitweise aus, nachdem sie durch Flak oder bei »Gewaltlandungen« beschädigt worden waren. Weitere 108 Maschinen, darunter allein 29 Bf 109 und 28 He 111, gingen zusätzlich verloren. Eine Invasion der britischen Inseln aus der Luft zerschlug sich damit nicht erst nach Ende der sogenannten »Schlacht um England«, sondern schon im Mai 1940.
Auf der anderen Seite gelang es der deutschen Luftwaffe, der Panzergruppe von Kleist sowie der 4. und 6. Armee, wirksame Luftnahunterstützung zu leisten und damit das Vordringen der Großverbände erheblich zu erleichtern. Dank gut geschulter Schlachtflieger-Kräfte und der inzwischen legendären »Stukas«, der Ju 87, glückte es, gefährliche Flankenangriffe, beispielsweise ab dem 21.5.1940 bei Amiens, abzuwehren.

Der massierte Einsatz von einmotorigen Jägern und Bf-110-Zerstörern sicherte zudem die Luftherrschaft über dem Kampfgebiet, wenn es auch zu nennenswerten Verlusten durch die sich tapfer verteidigende französische Luftwaffe und Maschinen des britischen Expeditions-Corps kam.
Nach Dünkirchen und einer zwangsläufig notwendigen Erholungsphase begann der ebenso verlustreiche wie aussichtslose Versuch, England — allein durch massierte Luftangriffe — zur Aufgabe zu zwingen. Da es hierzu jedoch an geeignetem Fluggerät fehlte, weder schwere Langstreckenbomber noch die dazugehörigen Begleitjäger waren vorhanden, fielen die deutschen Verluste entsprechend hoch aus. Die Angriffsstärken sanken daher von Tag zu Tag. Britische Jäger und Flak-Einheiten teilten sich am Ende die Vernichtung von insgesamt 184 Do, 20 He 59, 24 He 115, 225 He 111, 65 Ju 87, 271 Ju 88, 570 Bf 109, 243 Bf 110 sowie 34 weiteren Baumustern. Insgesamt fielen damit 1.634 Maschinen im Zeitraum vom 10.7.1940 bis zum 31.10. 1940 aus. Die Luftwaffe verlor über 2.000 Mann, 600 Soldaten wurden verwundet und weitere 630 in England gefangengenommen. Die Royal Air Force (RAF), präziser das Fighter Command, hatte etwa 1.300 Totalverluste zu beklagen, insgesamt beliefen sich die Verluste der RAF auf über 1.660 Einsatzmaschinen.

Infolge der dichten Radarüberwachung, der im Gegensatz zu Deutschland höheren Ausbringung von einmotorigen Jägern, und der untragbar gewordenen Verluste wurde das OKL gezwungen, die Angriffe immer mehr zu reduzieren.
Schon vor den Luftangriffen auf englische Ziele hatte sich Hitler zum Angriff der Sowjetunion entschlossen. Am 22.6.1941 überschritten deutsche Bodentruppen mit Luftunterstützung die Grenze. Strategische Bomberkräfte waren noch immer nicht aufgestellt worden, und auch Vorschläge, ein »Fernkampfkorps« aus der Mehrzahl der Bomber der im Osten eingesetzten Kampfgeschwader zu bilden, waren ebenso wenig beachtet worden, wie die Formierung von taktischen Luftwaffenkommandos, bei denen Flak und Schlachtflieger wirkungsvoll zusammenwirken sollten.
Die gegnerischen Flugzeug- und Panzerwerke waren, da sie an oder bereits hinter der Grenze der eigenen Reichweite lagen, kaum zu treffen. Die im Vergleich eingesetzten eigenen Kräfte waren schlichtweg durch die immense Weite des Raumes überfordert, zumal leistungsfähigeres Fluggerät nicht zur Verfügung stand und die Masse der Verbände mit Maschinen, wie der Bf 109, der He 111 und der Ju 88 ausgerüstet waren. Nachdem vor Moskau der Vormarsch zum Stehen gekommen war, wurden die gegnerischen Panzer- und Fliegerkräfte stetig stärker. Die Härte der verlustreichen Winterschlachten, dann das Disaster der 6. Armee in Stalingrad (1942), und schließlich Kursk (1943) führten zu folgenschweren Verlusten, welche die deutsche Luftfahrtindustrie nicht auffangen konnte. Den disloziert eingesetzten offensiven Verbänden fehlte die Kraft, das Blatt nochmals zu wenden. Die Jagdwaffe wurde mehr und mehr in die Defensive gedrängt.
Gleichzeitig nahm der alliierte Druck über Westeuropa und dem Reichsgebiet stärker zu. Die Produktion schwerer alliierter Bomber stieg bedrohlich an. Tag- und Nachtjäger konnten zwar beachtliche Einzelerfolge verbuchen, jedoch die Absage an »Fernnachtjagd-Einsätze« und nur seltene offensive Vorstöße der Luftwaffe über England änderten die Situation nur wenig. Ab 1943 wurde die Vernichtungskraft der »Viermotorigen« für jedermann spürbar. Köln, Hamburg und Berlin mögen hier für viele angegriffene Städte stehen. Doch die infolge Fehleinschätzung nach den 1940 errungenen Erfolgen zeitweise eingestellte Strahlflugzeug-Entwicklung benötigte aufgrund technischer Schwierigkeiten, besonders infolge der Störanfälligkeit neuer Triebwerke, viel mehr Zeit als erwartet.

So verfügte die Luftwaffe am 26. Juni 1944 zwar über eine weit größere Anzahl von Einsatzmaschinen als zu Kriegsbeginn, an der Ausrüstung mit teilweise veraltetem Flugzeugmaterial hatte sich indessen nur wenig geändert. Zwar war ein Teil der Jagdgeschwader inzwischen mit der Fw 190 ausgerüstet worden, bei den Kampfgeschwadern hatten die Ju 188 viele der Ju 88 verdrängt, doch von der He 177 fanden sich kaum mehr als 25 Maschinen bei den Einsatzkräften im Westen. Im Osten dominierte noch immer die He 111 zusammen mit der Ju 87 und Ju 88. Die Mehrzahl der Jagdgeschwader flog auch weiterhin die Bf 109, nur wenige Staffeln konnten auf die modernere Fw 190 A zurückgreifen:

Luftflotte 3 (Paris)

Stab/FAG 123	Toussus le Buc	1 Fw 190 und 2 Ju 88
4.(F)/123	St. André	9 Bf 109
5.(F)/123	Monchy-Breton	8 Bf 109
1.(F)/121	Toussus le Buc	7 Me 410
II. Fliegerkorps		
Stab/NAGr. 13	Chartres	2 Bf 109 und 1 Fw 190
1./NAGr. 13	Chartres	11 Bf 109 und Fw 190
3./NAGr. 13	Laval	10 Bf 109 und Fw 190
III./SG 4	Clermont-Ferrand	insgesamt 52 Fw 190
IX. Fliegerkorps		
3.(F)/122	Soesterberg	7 Ju 188
6.(F)/123	Cormeilles	6 Ju 88 und Ju 188
Stab/KG 2	Gilze Rijen	4 Ju 188
I./KG 2	Gilze Rijen	10 Ju 188
II./KG 2	Gilze Rijen	6 Ju 188
III./KG 2	Hesepe	6 Do 217
5./KG 76	Gilze Rijen	2 Ju 88
III./KG 3	Hesepe	9 He 111
Stab/KG 6	Melun-Villaroche	2 Ju 188
I./KG 6	Melun-Villaroche	16 Ju 188
II./KG 6	Melun-Villaroche	2 Ju 188
III./KG 6	Melun-Villaroche	7 Ju 188
Stab/KG 30	Zwischenahn	3 Ju 188
I./KG 30	Leck	20 Ju 188
4. und 6./KG 51	Soesterberg	14 Me 410
5./KG 51	Gilze Rijen	7 Me 410
Stab/KG 54	Eindhoven	2 Ju 88
I./KG 54	Eindhoven	14 Ju 88
III./KG 54	Eindhoven	13 Ju 88
I./KG 66	Montdidier	6 Ju 88 und Ju 188
E-Staffel IV./KG 101	St. Dizier	6 Ju 88
stab/LG 1	Melsbroek	1 Ju 88
I./LG 1	Le Culot	13 Ju 88
II./LG 1	Melsbroek	13 Ju 88
I./SKG 10	Tours	19 Fw 190
X. Fliegerkorps		
Stab/FAGR. 5	Mont de Marsan	
1.(F)/5	Mont de Marsan	insgesamt 15 Ju 290
2.(F)/5	Mont de Marsan	
4.(F)/5	Nantes	4 Ju 290
3.(F)/123	Corme Ecluse	7 Ju 88
1.(F)/SAGr. 129	Biscarosse	4 Bv 222

Stab/KG 40	Bordeaux-Mérignac	9 Fw 200
1. und 2./KG 40	Toulouse-Blagnac	12 He 177
II./KG 40	Bordeaux-Mérignac	12 He 177
7./KG 40	St. Jean d'Angely	
8. und 9./KG 40	Cognac	insgesamt 23 Fw 200

2. Fliegerdivision

1.(F)/33	St. Martin	11 Ju 88 und Me 410
2./NAGr. 13	Cuers	10 Bf 109 und Fw 190
2./SAGr. 128	Berre	4 Ar 96
Stab/KG 26	Montpellier	2 Ju 88
II./KG 26 (LT)	Valence	27 Ju 88
III./KG 26 (LT)	Montpellier	22 Ju 88
Stab/KG 77	Salon	1 Ju 88
I./KG 77 (LT)	Orange-Caritat	18 Ju 88
III./KG 77 (LT)	Orange-Caritat	16 Ju 88
6./KG 77	Istres	8 Ju 88
4./KG 76 u. 6./KG 76	Istres	7 Ju 88
Stab/KG 100	Toulouse-Francazals	1 Do 217 und 1 He 177
III./KG 100	Toulouse-Francazals	26 Do 217

4. Jagddivision

Stab/JG 1	St. Quentin-Clastres	3 Fw 190
I./KG 3	St. Quentin-Clastres	14 Bf 109
I./JG 5	Mons en Chaussée	14 Bf 109
II./JG 11	Mons en Chaussée	19 Bf 109
I./JG 301	Epinoy	13 Bf 109
Stab/JG 27	Champfleury	6 Bf 109
I./JG 27	Vertus	39 Bf 109
III./JG 27	Connantre	32 Bf 109
IV./JG 27	Champfleury	31 Bf 109
Stab/NJG 4	Chenay	2 Bf 109
I./NJG 4	Florennes	38 Ju 88
III./NJG 4	Junvincourt	18 Ju 88
Stab/NJG 5	Hagenau	2 Bf 110
I./NJG 5	St. Dizier	15 Bf 110
III./NJG 5	Anties s. Laon	17 Bf 110

5. Jagddivision

Stab/JG 2	Creil	2 Fw 190
I./JG 2	Creil	16 Fw 190
II./JG 2	Creil	46 Bf 109
III./JG 2	Creil	18 Fw 190
Stab/JG 3	Evreux	3 Bf 109 und Fw 190
II./JG 3	Guyancourt	in Umrüstung
III./JG 3	Mareilly	23 Bf 109
II./JG 5	Evreux	51 Bf 109
Stab/JG 11	Le Mans	3 Fw 190
I./JG 11	Le Mans	19 Fw 190
10./JG 11	Le Mans	9 Fw 190
I./JG 1	Alencon	17 Fw 190
II./JG 1	Alencon	15 Fw 190
Stab/JG 26	Guyancourt	3 Fw 190
I./JG 26	Guyancourt	27 Fw 190
II./JG 26	Guyancourt	12 Fw 190
Stab/NJG 2	Coulommiers	4 Ju 88
I./NJG 2	Chateaudun	10 Ju 88
II./NJG 2	Coulommiers	24 Ju 88
II./NJG 4	Coulommiers	13 Ju 88
II./JG 53	Vannes	32 Bf 109
1. bis 3./JGrp. 200	Orange und Avignon	insgesamt 34 Fw 190
Stab/ZG 1	Bordeaux-Mérignac	1 Ju 88
1. und 3./ZG 1	Corme Ecluse	4 Ju 88
2./ZG 1	Chateauroux	10 Ju 88
III./ZG 1	Cazaux	7 Ju 88

Im Frühjahr 1935 verließen die ersten Dornier Do 23 das Werk in Friedrichshafen. Die Do 23 G mit BMW VIU Motor galt als erster Bomber der neu entstandenen deutschen Luftwaffe. Daneben fand dieses Muster zudem vielfältige Verwendung als Minensucher, Forstschutz- und Schulflugzeug.

Rekrutenvereidigung auf dem Flugplatz Lager-Lechfeld. Im Hintergrund eine Junkers Ju 86 D mit Jumo 205 C-Diesel-Reihenmotor mit 600 PS.

Landeunfall einer mit drei MG 15 bewaffneten He 111 E-3 des 6. Geschwaders im Luftkreiskomando V (München) in dem 1938 üblichen Vierfarbtontarnanstrich.

Während des Einflugbetriebs in Oranienburg entstand diese Aufnahme einer He 111 H. Die Kennung dieser Maschine lautete DM+LE.

Vom Flugplatz Amsterdam-Schipol aus starteten oftmals die Do 217 E-4 der 6./KG 2, hier die U5+AP, im Mai 1942.

Auch diese Do 217 E-4 der 8./KG 2 beteiligten sich an den Nachtangriffen gegen England. Dabei kam es durch den massiven Einsatz englischer Nachtjäger zu schweren Verlusten unter den eingesetzten Besatzungen. Gut erkennbar die geschwärzte taktische Kennung U5+FS, wobei zwei Buchstaben auf dem Leitwerk wiederholt wurden.

Den Nachfolger für die Do 217 E-Serie bildete die Do 217 K mit Vollsichtkanzel. Ende 1942 begann die Serienfertigung der Do 217 K-1 (hier: I./KG 66) bei den Norddeutschen-Dornier-Werken in Wismar.

Neben der Do 217 stellte die Ju 88 den Standardbomber der Luftwaffe dar. Bei dieser Ju 88 A-1 des KG 30 sind zusätzlich zwei MG 17 als Seitenbewaffnung installiert. Auf dem Rumpf die Auslöseleine für das Schlauchboot.

Die unbekannte Besatzung einer Ju 88 A-5 bereitet sich auf den nächsten Einsatz vor.

Für Angriffsflüge über See erhielten zahlreiche Ju 88 A-4 des KG 6 einen speziellen Tarnanstrich, welcher die Konturen der Maschine auflöste.

Wegen der angespannten Versorgungslage mit BMW 801 Triebwerken legten die Junkers-Werke den Entwurf Ju 188 A vor. Das Foto zeigt eine A-2, welche bei der I./KG 6 über England eingesetzt wurde.

Im Sommer 1944 fanden sich bei den Geschwadern an der Ostfront und in Nordeuropa neben den schon erwähnten Baumustern bereits zahlreiche Nachtschlächter. Außer der He 50 kamen vor allem die Ar 66, die Go 145 sowie vereinzelt auch die Ju W34 zum Einsatz. Zur Panzerbekämpfung und Luftnahunterstützung wurden bei den Schlachtgeschwadern, die zumeist aus den Stuka-Geschwadern hervorgegangen waren, oftmals die Fw 190 F und G, die Ju 87 D-1 bis D-7 und in geringerem Maße auch die Bf 109 eingesetzt, die man zuvor mit den entsprechenden Rüstsätzen ausgestattet hatte. Die Luftwaffenverbände verfügten am 26.6.1944 über folgende Einsatzflugzeuge:

Luftflotte 5 (Norwegen)

1.(F)/124	Kirkenes	20 Ju 88 und Bf 109
1.(F)/32	Kemijärvi	15 Fw 189 und Bf 109
3.(F)/SAGr. 130	Kirkenes	8 BV 138
I./SG 5	Kirkenes	51 Fw 190 und Ju 87
III./JG 5	Petsamo	24 Bf 109
13.(Zerstörerstaffel)/ JG 5	Kirkenes	16 Bf 110

Luftflotte 1 (Lettland)

Stab/FAGr. 1	Riga-Spilve	
3.(F)/22	Riga-Spilve	insgesamt 7 Ju 188
5.(F)/122	Mitau	9 Ju 88
Nachtstaffel 3	Riga-Spilve	15 Do 217
1./SAGr. 127	Reval-Uleministe	12 Ar 96, Hs. 126, Ju 60
14.(Eis)/KG 55	Jakobstadt	9 He 111

3. Fliegerdivision

Stab/NAGr. 5	Petersi	4 Bf 109 und Fw 189
1./NAGr. 5	Idriza	13 Bf 109 und Fw 189
1./NAGr. 31	Wesenberg	11 Fw 189 und Hs 126
II./SG 3	Jakobstadt	35 Ju 87 und Fw 190
Stab/NSGr. 1 und 3. Staffel	Idriza	28 Go 145 und Ju W34
1. und 2./NSGr. 1	Kowno	in Umrüstung
Stab, 1. u. 2. NSGr. 3	Vecumi	49 Ar 66 und Go 145
1.NSGr. 12	Vecumi	18 Ar 66
Stab, 1. u. 2. NSGr. 11	Rahkla	31 He 50 und Foller CV
2./NSGr. 12	Libau	in Aufstellung
Stab/JG 54	Dorpat	12 Fw 190
1./JG 54	Turku (Finnland)	Fw 190
2. u. 3./JG 54	Reval-Laksberg	22 Fw 190

Gefechtsverband Kulmey (Immola/Finnland)

1. NAGr. 5	Immola	Bf 109
II./JG 54	Immola	Fw 190
Stab/SG 3	Immola	Ju 87
1./SG 3	Immola	Fw 190
2. und 3./SG 3	Immola	Ju 87

Luftflotte 6

Stab/FAGr. 2 und 4.(F)/11	Baranowitschi	2 Ju 188 und 3 He 111
4.(F)/14	Branowitschi	15 Ju 188 und Do 217
NSt. 4	Bobruisk	7 Ju 88 und Ju 188
14.(EIS.(/KG 3	Puchiwitschi	13 Ju 88
Stab/KG 1	Prowehren	1 Ju 88
II./KG 1	Prowehren	43 Ju 88

IV. Fliegerkorps

1.(F)/100	Pinsk	14 Ju 88
Stab/NAGr. 4	Biala-Podlaska	3 Bf 109 und Fw 189
3./NAGr. 4	Kobryn	5 Hs 126
12.NAGr. 3	Brest-Litowsk	8 Bf 109, Hs 126, Fw 189
Stab/KG 4	Bialystock	8 He 111 und Ju 88
II./KG 4	Baranowitschi	34 He 111
III./KG 4	Baranowitschi	40 He 111
Stab/KG 27	Krosno	1 He 111
I./KG 27	Krosno	41 He 111
III./KG 27	Mielec	35 He 111
Stab/KG 53	Radom	1 He 111
I./KG 53	Radom	36 He 111
II./KG 53	Piastow	37 He 111
III./KG 53	Radom	36 He 111
Stab/KG 55	Deblin-Irena	1 He 111
I./KG 55	Deblin-Ulez	35 He 111
II./KG 55	Deblin-Irena	35 He 111
III./KG	Grojek	36 He 111

1. Fliegerdivision

Stab/NAGr. 4	Ureszchje	2 Fw 189
1.NAGr. 4	Bobruisk	12 Fw 189
11./NAGr. 11	Ureszchje	9 Fw 189
11./NAGr. 12	Ureszchje	7 Fw 189
Stab/SG 1	Pastowitschi	5 Fw 190
III./SG 1	Pastowitschi	38 Fw 190
I./SG 10	Bobruisk	10 Fw 190

4. Fliegerdivision

Stab/NAGr. 10	Tolotschin	3 Bf 109, Fw 189, Hs 126
2./NAGr. 4	Orscha	18 Fw 189 und Hs 126
13./NAGr. 14	Tolotschin	7 Bf 109 und Fw 189
I./SG 1	Tolotschin	44 Ju 87
II./SG 1	Wilna	73 Fw 190 und Ju 87
10.(Pz)/SG 1	Bojari	20 Ju 87
10.(Pz)/SG 3	Tolotschin	22 Ju 87
Stab/SG 10	Dokudowo	3 Fw 190
III./SG 10	Dokudowo	39 Fw 190

Fliegerführer 1 (Minsk)

12./NAGr. 12	Mogilew	12 Bf 109
2./NAGr. 5	Budsslaw	5 Bf 109
4./NAGr. 31	Budsslaw	6 Fw 190
Stab/NSGr. 2	Lida	2 Ju 87 und Ar 66
1./NSGr. 2	Bobruisk	14 Ju 87
3./NSGr. 2	Lida	21 Ju 87
4./NSGr. 2	Mogilew	17 Ju 87
1. Ostfliegerstaffel (Russ.)	Lida	9 Go 145, Ar 66, U2
1. und 2./NSGr. 1	Kowno	in Umrüstung
Stab/JG 51	Orscha	5 Bf 109 und Fw 190
Stab/St.JG 51	Orscha	12 Bf 109 und Fw 190
I./IG 51	Orscha	35 Bf 109
III./JG 51	Bobruisk	31 Bf 109
IV./JG 51	Mogilew	17 Bf 109
III./JG 11	Dokudowo	19 Bf 109
Stab I./NJG 100	Baranowitschi	insgesamt 51 Ju 88,
1. und 3./NJG 100	Biala-Podlaska	Do 217 und Fw 190
4./NJG 100	Puchowitschi	4 Ju 88

Luftflotte 4

2.(F)/11	Jasionka	9 Ju 88
2.(F)/22	Focsani	8 Ju 88
2.(F)/100	Lublin	7 Ju 188

1. Fliegerkorps (Rumänien)

3.(F)/121	Zilistea	8 Ju 88
NSt. 1	Focsani	14 Do 217 und He 111
Stab/NAGr. 1	Kischinew	3 Bf 109 und Fw 189
2./NAGr. 16	Kischinew	10 Bf 109 und Fw 189
Stab und 1./NAGr. 14	Comrat	15 Bf 109
2./NAGr. 14	Bacau	15 Bf 109
Stab/FAGr. 125 (See)	Constanza	1 BV 138 und 2 Ar 196
1.(F)/125 (See)	Varna	9 BV 138 und Ar 196
3.(F)/125 (See)	Mamaia	8 BV 138 und Ar 196
Stab/JG 52	Manzar	1 Bf 109
I./JG 52	Leipzig (Rumänien)	23 Bf 109
II./JG 52	Manzar	11 Bf 109
III./JG 52	Roman	19 Bf 109
15.(Kroat.)/JG 52	Zilistea	im Umrüstung
Stab/SG 2	Husi	1 Ju 87
I./SG 2	Husi	29 Ju 87
II./SG 2	Zilistea	27 Fw 190
III./SG 2	Husi	43 Ju 87
10.(Pz.)/SG 2	Husi	16 Ju 87
II./SG 10	Culm	29 Fw 190
10.(Pz)/SG 9	Trotus	15 Hs 129
14.(Pz)/SG 9	Trotus	15 Hs 129
Stab/NSGr.	Mazar	5 Go 145 und Ar 66
1./NSGr. 5	Roman	21 Go 145 und Ar 66
2./NSGr. 5	Kischinew	40 Go 145 und Ar 66
I./KG 4	Foscani	43 He 111

VIII. Fliegerkorps (Polen)

2.(F)/11	Jasionka	9 Ju 88
2.(F)/100	Lublin	7 Ju 188
Stab/NAGr. 2	Strunybaby	5 Bf 109
1./NAGr. 2	Stry	11 Bf 109
2./NAGr. 2	Strunybaby	13 Bf 109
Stab IV.(Pz)/SG 9	Lysiatycze	6 Hs 129
12.(Pz)/SG 9	Stry	7 Hs 129
13.(Pz)/SG 9	Lysiatycze	16 Hs 129
Stab/SG 77 und I./SG 77	Jasionka	im Umrüstung
I./SG 77	Jasionka	in Umrüstung
II./SG 77	Lemberg	33 Fw 190
III./SG 77	Cuniow	42 Ju 87
10.(Pz)/SG 77	Starzawa	19 Ju 87

Stab/NSGr. 4	Hordinia	4 Go 145
1./NSGr. 4	Hordinia	28 Go 145
14.(Eis)/KG 27	Krosno	15 He 111
7./NAGr. 32	Labunia	11 Bf 109 und Fw 190

Kommandierender General der deutschen Luftwaffe in Rumänien (Bukarest)

I./Jg 53	Targsorul-Nou	28 Bf 109
III./JG 77	Mizil	28 Bf 109
10. und 12./NJG 6	Otopeni	25 Bf 110
11./NJG 6	Zilistea	7 Bf 110
2./NJG 100	Otopeni	8 Ju 88
4./JG 301	Mizil	6 Bf 109
6./JG 301	Targsorul-Nou	7 Bf 109

Zusätzlich zu den deutschen Luftwaffen-Verbänden wurden diese von Einheiten der rumänischen, bulgarischen und ungarischen Luftwaffe unterstützt, die teilweise mit deutschen Kolbenjägern, aber auch mit relativ modernen Maschinen, etwa dem rumänischen Jagdflugzeug IAR 80 ausgerüstet waren.

Das katapultfähige Bordflugzeug He 60 B-2 kam ab 1930 als Aufklärer und B-Schulflugzeug zur Flugzeugführer-, Beobachter-, Funk- und Schießausbildung zum Einsatz.

Notlandung eines der wenigen See-Schulflugzeuge des Typs Ar 199 in der Nähe von Tournay in Frankreich.

Eine Ar 196 der Bordfliegergruppe 196 auf dem Schlachtschiff »Scharnhorst« während eines Aufenthaltes im Kriegshafen von Brest. Die Kennung der Maschine lautete T3 + GH.

Ab 1937 baute die Firma Heinkel den katapultfähigen Seeaufklärer He 114 A-2 in geringer Stückzahl. Das Flugzeug wurde später auch an Rumänien und Schweden geliefert.

Schleppen einer für die Seenotrettung ausgerüsteten Do 18 N mittels Motorboot zum Liegeplatz. Die beiden Jumo 205 waren in Tandemanordnung angebracht.

Die He 115 B-1 versah ihren Dienst vornehmlich als Seeaufklärer, Torpedobomber und Minenleger. Die Abwehrbewaffnung bestand lediglich aus zwei MG 15.

Verankerung einer He 115 an der Halteboje.

Die Militärversion des Seetransportflugzeuges Do 26 der Sonderstaffel Transozean mit vier in Tandem-Anordnung angebrachten Jumo 205 E. Die Do 26 V 1 und V 3 gingen am 28. Mai 1940 in Norwegen verloren.

Auch die Ju 52 kam als Seetransportflugzeug mit Schwimmern zum Einsatz. Diese hatten eine Länge von 11,34 m und ein Gewicht von 440 kg, mit der Eiskufe 552 kg. Die Bezeichnungen dieser Ausführung lauteten — je nach Ausgangsmuster — Ju 52/3 mg5e, -7e, -10e und -14e.

Die BV 238 V1 (RO+EZ), war mit 43,50 m Länge und einer Spannweite von 60,17 m das größte Flugzeug der Luftwaffe. Das einzige fertiggestellte Muster wurde 1944, nur kurze Zeit nach seinem Erstflug, auf dem Schaalsee während eines alliierten Tiefangriffs zerstört.

Die bei Kriegsausbruch bereits veralteten Heinkel He 59 fanden schließlich als Schul- und Seenotrettungsflugzeuge Verwendung. Die Aufnahme zeigt eine He 59 D-1 ohne Bewaffnung und unverglasten Rumpfbug.

Rettungsübung unter Einbeziehung einer He 59 C, eines See-Mehrsitzers, der noch 1940 aus der B-Serie umgebaut wurde.

Verstauung eines dreisitzigen Schlauchbootes in der eigens dafür vorgesehenen Kammer auf dem Rumpfrücken einer Ju 88 A-1 des KG 51. Gut erkennbar die Auslöseleine auf dem Rumpf, welche von der Kabine zum Abdeckblech führte.

Das zweisitzige Standard-Schlauchboot einer Ju 87 mit Preßluftflasche, Blasebalg und Treibanker.

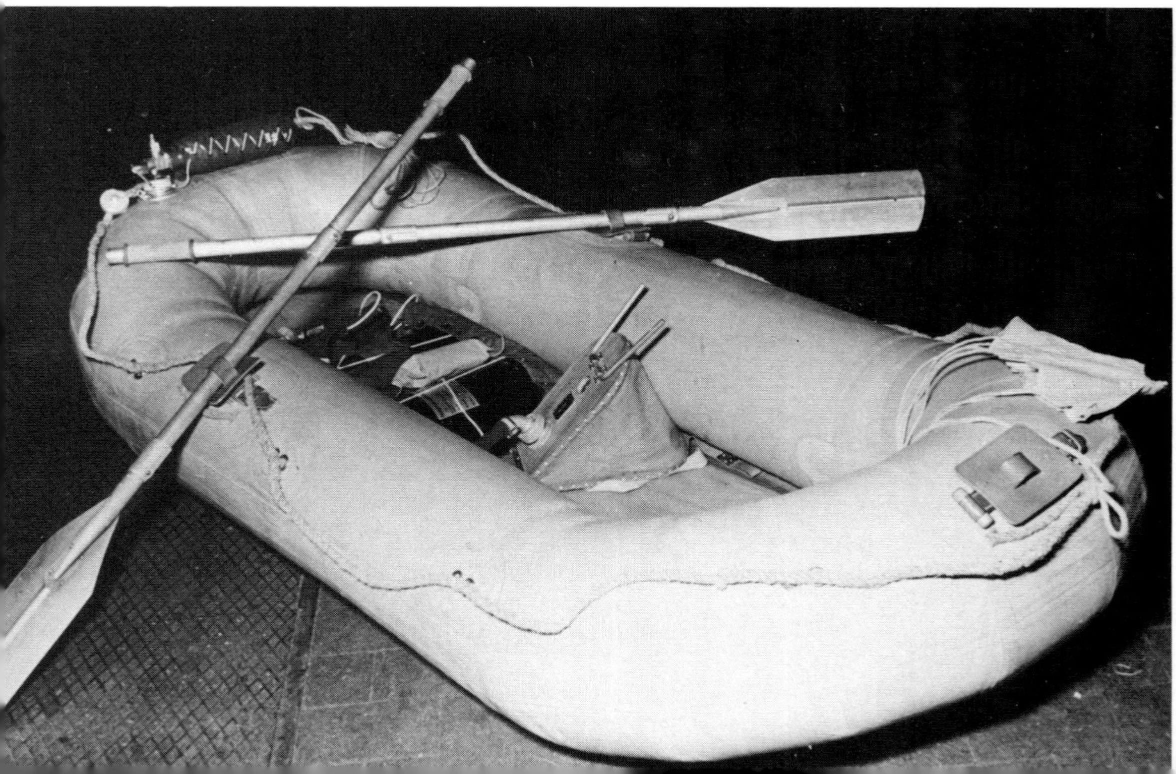

Neue Aufgaben und Taktik 1944/1945

Im August 1944 wurde die Neugliederung der fliegenden Verbände der Luftwaffe beschlossen. Damals bestanden 9 1/3 Kampfgruppen, welche mit der Ju 88 oder der Ju 188 ausgerüstet waren; sie sollten den Kern von 22 Kampfgruppen bilden. Es galt, diese bis Dezember 1945 mit der Ju 388, aber auch der Me 262 und der Ar 234 umzurüsten.

Alle Do 217-Kampfflugzeuge, die noch beim KG 2 und dem KG 100 geflogen wurden, galt es schleunigst aufzubrauchen. Die Fertigung war eingestellt, nur aus den Reparaturbetrieben kamen noch einige wenige dieser Einsatzmaschinen. Gleiches galt für die Fw 200 (III./KG 49), die Do 217-Kehlflugzeuge (I., II./KG 2 und III./KG 100) sowie die He 177 A-3 und A-5 der II./KG 40 und der II./KG 100). Bis auf die Maschinen, die später in einem Erprobungskommando für Fernlenkbewaffnung übergeben wurden, sollten auch diese Einsatzmuster aufgebraucht werden. Die Masse der noch einsatzklaren 37 Kehl-He 177 (mit drahtgelenkten Hs 293) und 155 als Horizontalbomber ausgerüstete He 177 A-3/A-5 waren ohnehin als Reserve des OKL in Dänemark und Norwegen abgestellt worden, wo sich auch ein großes Kontingent von mit Giftgas gefüllten Abwurfwaffen befand.

Als Lufttorpedo-Verband befand sich im Sommer 1944 das KG 26 mit seiner I. und II. Gruppe mit der Ju 88 A-4/torp., Ju 88 A-17 und der Ju 188 im Einsatz. Es war vorgesehen, diese Gruppen bis Ende 1945 einheitlich mit der Ju 388 M-1 auszurüsten und so die Seeziel-Bekämpfung wieder zu forcieren.

Auch die He 111-Verbände (III./KG 3 (mit V1), KG 4, KG 27 einschließlich der 14./KG 27, dann das KG 53, KG 55 und die Transportgruppe TG 30 sollten nur noch für wenige Monate fortbestehen. Der Neubau der He 111 wurde daher mit sofortiger Wirkung eingestellt und die Zuführung überholter oder reparierter Maschinen den Reparaturwerften überlassen. Im August 1944 befanden sich die noch rund 180 He 111, ferner 120 Flugzeuge in der OKL-Reserve sowie 20 im Bereich der Fliegerausbildung (G.d.Ausb.). Die meisten verbliebenen He-111-Geschwader sollten schnellstmöglich auf die Me 262 umgestellt werden. Von den sogenannten Blitzbombern glaubte das OKL, die beiden ersten Gruppen bereits im September 1944 einsatzbereit zu haben. Bis Februar 1945 würden dann zwölf weitere Gruppen folgen. Doch die Kampfgeschwader (KG) 4, 27, 53 und 55 erhielten niemals die Me 262 A-2a, da deren Ausbringung weit hinter der Planung zurückblieb. Damit wäre auch die Vorgabe, diese Geschwader ab Juli 1945 schrittweise mit einer verbesserten Ausführung der Ar 234, der C-3 und C-5 auszurüsten, gegenstandslos geworden.

Lediglich das KG 76 — und hier auch nur die II. und III. Gruppe — erhielten ab 1944 die Ar 234 B-2, nachdem das Kommando Lukesch gute Einsatzerfolge vorweisen konnte. Die ab Ende März 1945 planmäßig beginnende Produktion der Ar 234 C mußte infolge der Kriegsereinisse bereits kurze Zeit später wieder aufgegeben werden. Es blieb bei dem Plan, 14 vollständige Kampfgruppen mit dem Arado-Bomber auszurüsten.

Das Kampfgeschwader (KG) 2 sollte ab Ende 1944 mit der Do 335 ausgerüstet werden. Teile des technischen und des Wartungspersonals waren bereits zu Dornier abkommandiert, um auf das moderne Einsatzflugzeug eingewiesen zu werden. Ab Frühjahr 1945 rechnete man im RLM mit der Einsatzreife von insgesamt vier Gruppen der Do 335 A-1/A-2. Ferner glaubte man noch im Spätsommer 1944 recht zuversichtlich, zwei vollständige Ju 287 A-1-Kampfgruppen ab Mai des kommenden

Jahres auszurüsten. Währenddessen sollte die Ju 388 K-1 beim Lehrgeschwader (LG) 1, dem KG 6 sowie dem Pfadfinder-Verband KG 66, Verwendung finden. Letzterer Verband flog noch im Winter 1945 die Ju 88 S-3. Die vorläufige Endausrüstung belief sich somit auf vier Do-335-, 14-Ar 234-, zwei Me-262- und zwei Ju-287-Gruppen. Hinzu kamen zwei Gruppen mit Ju 388-Höhenbombern (LG 1), drei Gruppen als »Normalbomber« (KG 6) und eine Zielfindergruppe (KG 66).

Wesentliche Änderungen standen auch für die Zerstörerverbände bevor. Die im Frühherbst 1944 noch bestehenden beiden Zerstörergeschwader (ZG) 26 und 76 flogen die Bf 110 sowie die Me 410. Beide Verbände sollten ihre bisherigen Einsatzmaschinen bis spätestens Februar 1945 abgeben und dann mit der Umschulung auf die Do 335 beziehungsweise die Ju 388 beginnen. Eine erste Do 335-Zerstörergruppe wollte das OKL ab April 1945 aufstellen und als Mosquito-Jäger verwenden. Um zu überprüfen, ob sich das Muster hierfür eignete, galt es eine Reihe von Do 335 versuchsweise umzurüsten, ein Vorhaben, das ebenfalls nicht mehr ausgeführt wurde. Neben acht Do-335-Zerstörer-Verbänden sollten zusätzlich zwei Gruppen mit der leistungsstarken Ju 388 J-1 ausgerüstet und damit die Me 410 B-2/B-3 möglichst bald ersetzt werden.

Die Fernaufklärungsgruppen der deutschen Luftwaffe waren Mitte 1944 vor allem mit der Ju 88 D und der Ju 188 F ausgerüstet. Insgesamt bestanden zeitweise 21 Fernaufklärungsstaffeln mit jeweils bis zu neun Einsatzmaschinen. Drei Staffeln waren mit der Me 410 ausgerüstet, deren Maschinen aber bis Oktober 1944 aufgebraucht werden sollten. Infolge ernster Produktionsausfälle in Merseburg und anderen Junkers-Werken befanden sich noch im Frühjahr 1945 mehrere dieser Flugzeuge im Fronteinsatz. Es war geplant, mindestens drei Staffeln mit der Ar 234 B-1, der Aufklärerversion des Arado-Schnellbombers, auszurüsten. Zudem würde eine Do 335-Staffel ebenfalls diese Aufgaben wahrnehmen. Zumindest eine behelfsmäßig umgebaute Do 335, das dritte Versuchsmuster (CP+UC, WerkNr. 230003, später T9+ZH) wurde im Herbst 1944 bei der 1./Aufkl.Grp ObdL im Westen eingesetzt. Als Nachtaufklärer waren damals bis zu fünf Staffeln — zumeist mit der Do 217 — ausgerüstet. Die Zahl verringerte sich schließlich auf drei Staffeln, die ab September 1944 schrittweise die Ju 188 erhielten. Ab April sahen die Planungen des OKL die Umrüstung auf ein neues Standardmuster, die Ju 388 L-1, vor. Als maritime Fernaufklärer sollten die Ju 290 für kurze Zeit die Ausstattung der 1. und 2./Fernaufklärungsgruppe (FAG) 5 darstellen. Man war jedoch der Ansicht, daß die Aufgaben besser von umzurüstenden He 177 A-5 wahrgenommen werden könnten. Als konkretes Fernziel stand eine erneute Umrüstung, nunmehr auf die Me 264, im Raum. Die beiden ebenfalls noch bestehenden und im Einsatz befindlichen Bf 109-Nahaufklärungsstaffeln (4./ und 5./(F) 123) sollten bis zum Winter 1945 erhalten bleiben und dann ebenfalls aufgelöst werden.

Bis Dezember 1945 würde es dann drei Staffeln mit Ar 234, zehn Einheiten mit der Ju 388 als Tag- und drei als Nachtaufklärer sowie dreizehn weitere mit der Do 335 geben.

Trotz aller sorgfältigen Planungen wurde das OKL von den Kriegsereignissen überrollt. Die Bedeutung der offensiven Kampfverbände, wie auch der Fernaufklärer, verlor rasch an Bedeutung, da es an leistungsfähigen Kampfflugzeugen in genügender Stückzahl genauso mangelte wie an ausreichend Betriebsstoff. Die Jagdverbände hatten inzwischen höchste Priorität erhalten. Ende März 1945 sah die Ausrüstung der Geschwader wie folgt aus:

Verband:	Derzeit verwendetes Flugzeugmuster:	Änderung auf Flugzeugmuster:	Bemerkungen:
I./JG 1	He 162		
II./JG 1	Fw 190 A-8 und A-9	He 162	
III./JG 1	Bf 109 G-10	He 162	(April - Mai 1945)
I./JG 2	Fw 190 D-9	bleibt	
II./JG 2	Fw 190 D-9	bleibt	
III./JG 2	Fw 190 D-9	bleibt	
I./JG 3	aufgelöst	—	
II./JG 3	Bf 109 G-10	Bf 109 K-4	(nachschubmäßig)
III./JG 3	Bf 109 K-4	bleibt	
IV.JG 3	Fw 190 A-8 und A-9	Fw 190 D-9	
I./JG 4	aufgelöst —		
II./JG 4	Fw 190 A-8 und A-9	Fw 190 D-9	
III./JG 4	Bf 109 K-4	bleibt	
IV./JG 4	Bf 109 G-10	Bf 109 K-4	(nachschubmäßig)
II./JG 5	Bf 110 und Me 410	Me 109 K-4	(März - April 1945)
III./JG 5	Bf 109 G-14	Bf 109 K-4	(nachschubmäßig)
IV./JG 5	Bf 109 G-14	Bf 109 K-4	(nachschubmäßig)
I./JG 6	Fw 190 A-8 und A-9	Fw 190 D-9	(nachschubmäßig)
II./JG 6	Fw 190 A-8 und A-9	Fw 190 D-9	(nachschubmäßig)
III./JG 6	Bf 109 G-14 As	Bf 109 K-4	(nachschubmäßig)
I./JG 7	Me 262 A-1	bleibt	
II./JG 7	Me 262 A-1	bleibt	
III./JG 7	Me 262 A-1	bleibt	
Jagdgruppe 10	Fw 190 A-8, A-9 und D-9	Baureihenzuteilung nach Maßgabe der Erprobung	
I./JG 11	Fw 190 A-8 und A-9	Fw 190 D-9	
II./JG 11	Bf 109 G-10	Bf 109 K-4	(nachschubmäßig)
III./JG 11	Fw 190 A-8, A-9	Bf 109 D-9	(nachschubmäßig)
I./JG 26	Fw 190 D-9	Fw 190 D-12	(April 1945)
III./JG 26	Fw 190 D-9	Fw 190 D-12	(März - April 1945)
III./JG 26	aufgelöst		
IV./JG 26	Fw 190 D-9	Fw 190 D-12	(März - April 1945)
I./JG 27	Bf 109 K-4	bleibt	1.98 Ladedruck Erhöhung
II./JG 27	Bf 109 G-10	Bf 109 K-4	(nachschubmäßig)
III./JG 27	Bf 109 K-4	bleibt	1.98 Ladedruck Erhöhung
IV./JG 27	aufgelöst	—	
Jagdverband 44	Me 262 A-1	bleibt	
I./JG 51	Bf 109 G-14	Bf 109 K-4	(nachschubmäßig)
II./JG 51	aufgelöst	—	
III./JG 51	Bf 109 G-14	Bf 109 K-4	(nachschubmäßig)
IV./JG 51	Bf 109 G-14	Bf 109 K-4	(nachschubmäßig)
I./JG 52	Bf 109 G-14	Bf 109 K-4	(nachschubmäßig)
II./JG 52	Bf 109 G-14/U4	Bf 109 K-4	(nachschubmäßig)

III./JG 52	Bf 109 G-14	Bf 109 K-4	(nachschubmäßig)
I./JG 53	aufgelöst	—	
II./JG 53	Bf 109 K-4	bleibt	1,98 Ladedruck Erhöhung
III./JG 53	Bf 109 K-4	bleibt	1,98 Ladedruck Erhöhung
IV./JG 53	Bf 109 K-4	bleibt	1,98 Ladedruck Erhöhung
I./JG 54	Fw 190 A-8 und A-9	Fw 190 D-9	(nachschubmäßig)
II./JG 54	Fw 190 A-8 und A-9	Fw 190 D-9	(nachschubmäßig)
III./JG 54	Fw 190 A-8 und A-9	Fw 190 D-9	(nachschubmäßig)
I./JG 77	Bf 109 G-14/U4	Bf 109 K-4	(nachschubmäßig)
II./JG 77	Bf 109 G-10	Bf 109 K-4	(nachschubmäßig)
III./JG 77	Bf 109 G-10	Bf 109 K-4	(nachschubmäßig)
I./JG 300	aufgelöst	—	
II./JG 300	Fw 190 A-8 und A-9	Fw 190 D-9	II.-IV. Gruppe Umrüstung
III./JG 300	Bf 109 G-10/R6	Bf 109 K-4/R6	auf Me 262 A-1a, Termin
IV./JG 300	Bf109 G-10/R6	Bf 109 K-4/R6	noch unbekannt
I./JG 301	Fw 190 A-9/R11	Fw 190 D-9/R11	später auf Ta 152
II./JG 301	Fw 190 A-9/R11	Fw 190 D-9/R11	später auf Ta 152
III./JG 301	Ta 152 H-10	bleibt	
IV./JG 301	aufgelöst	—	
I./JG 400	Me 163 B-1/B-2	He 162 A-1/A2	Umrüstung geplant, jedoch
II./JG 400	Me 163 B-1/B-2	He 162 A-1/A-2	Termin unbekannt
I./KG(J) 6	Bf 109 G-10/R6	Bf 109 K-4/R6	(nachschubmäßig)
II./KG(J(6	Bf 109 K-4	Bf 109 K-4/R6	(nachschubmäßig)
III./KG(J) 6	Me 262 A-1	—	zurückgestellt
I./KG(J) 27	Bf 109 G-10/R6	Bf 109 K-4/R6	(nachschubmäßig)
II./KG(J) 27	Bf 109 K-4	Bf 109 K-4/R6	(nachschubmäßig)
III./KG(J) 27	Fw 190 A-9/R11	Fw 190 D-9/R11	(nachschubmäßig)
I./KG(J) 54	Me 262 A-1	bleibt	
II./KG(J) 54	Me 262 A-1	bleibt	
III./KG(J) 54	Me 262 A-1	bleibt	
I.KG(J) 55	Bf 109 G-10/R6	—	I.-III. geht in Industrie-
II./KG(J) 55	Bf 109 K-4	—	Einsatz
III./KG(J) 55	Fw 190 A-9/R11	—	

Die hohen Verluste während der letzten Kriegswochen, insbesondere unter den neuen, hastig ausgebildeten Flugzeugführern und Besatzungen blieben nicht ohne Einfluß auf die Einsatzbereitschaft. Die ständige Zurückverlegung von einem Ausweichplatz zum anderen, stete Luftangriffe auf die Liegeplätze, auf startende und landende Maschinen, in Flammen aufgehender Nachschub und Betriebsstoff, lähmte die verbliebenen Einheiten im Westen und Osten. Dennoch gelang es immer wieder, den Bodenverbänden spürbare Entlastung zu bringen. Beispielsweise flog das Jagdgeschwader 6 »Horst Wessel« im Zeitraum vom 19.2. bis zum 18.3.1945 insgesamt 67 Einsätze mit 328 Maschinen. Hierbei gelang der Abschuß von 20 einmotorigen und vier zweimotorigen Gegnern. Während zahlreicher Schlachtangriffe mit der Bf 109 K-4 und der Fw 190 A-9/D-9 wurden 15 Lkw vernichtet. Allerdings verlor das Geschwader sechs Flugzeugführer, zwei weitere kehrten verwundet zurück. 25 einmotorige Jäger gingen verloren oder wurden beschädigt. Eine D-9 wurde bei Cottbus von der eigenen Flak abgeschossen, OFw Naujoks kam ums Leben. Zusammen mit dem JG 5 flogen vor allem das JG 52 sowie das JG 77 zahlreiche Tiefangriffe im Bereich der Luftflotte 6. Viele der verbliebenen Staffeln zogen sich kämpfend immer mehr nach Niederösterreich, den nördlichen und südlichen Alpenländern sowie in den Prager Raum zurück. Alle noch verbliebenen Verbände der Luftwaffe finden sich in der einsatzmäßigen Gliederung vom 3. Mai 1945 wieder:

Einheit	**Bemerkungen**	**Ort**
Luftflottenkommando 4	Zusammenarbeit mit Heeresgruppe Süd und dem Oberbefehlshaber Südost	Schöfling
18. Fliegerdivision	Zusammenarbeit mit 6. SS-Panzerarmee und 8. Armee	Wels
Nahaufklärungsgruppe 14	Im Einsatz	Budweis
2./Nahaufklärungsgruppe 14	Im Einsatz	Enns
3./Nahaufklärungsgruppe 14	Im Einsatz	Budweis
2./Nahaufklärungsgruppe 16	Im Einsatz	Budweis
1 Kette der 2.NAG 16	Im Einsatz	Graz
Schlachtgeschwader 10	Im Einsatz	Budweis
I./Schlachtgeschwader 10	Im Einsatz	Budweis
II./Schlachtgeschwader 10	Im Einsatz	Wels
IV.(Pz)/Schlachtgeschwader 9	Im Einsatz	
13. (Pz)/Schlachtgeschwader 9	Z.Zt. Panzerblitz-Ausbildung	Wels
14. (Pz)/Schlachtgeschwader 9	In Auflösung begriffen	Wels
II./Jagdgeschwader 52	Ohne 1. Staffel im Einsatz	Hörsching
1. Staffel der II./JG 52	Im Einsatz	Zeltweg
I./Jagdgeschwader 76	In Auflösung begriffen	Hörsching
II./Jagdgeschwader 51	In Auflösung begriffen	Hörsching
I./Jagdgeschwader 53	In Auflösung begriffen	Hörsching
Nachtschlachtgruppe 5	Im Einsatz	Allensteig
1./Nachtschlachtgruppe 5	Im Einsatz	Steinakirchen
I./Nachtschlachtgruppe 5	Absprunghafen der 1. Staffel	Allensteig
2./Nachtschlachtgruppe 5	Im Einsatz	Allensteig
3./Nachtschlachtgruppe 5	Im Einsatz	Retz
2./Nachtschlachtgruppe 10	Im Einsatz	Wels
17. Fliegerdivision	Zusammenarbeit mit dem Oberbefehlshaber Südost, der 2. Panzerarmee und 6. Armee	Bruck a.d. Mur
Nahaufklärungsgruppe 12	Im Einsatz	Agram-Lucko
1./Nahaufklärungsgruppe 12	Im Einsatz	Agram-Lucko
2./Nahaufklärungsgruppe 12	Im Einsatz	Graz
Nauhaufklärungsst. Kroatien	In Auflösung begriffen	Agram-Lucko

Einheit	Bemerkungen	Ort
I./Schlachtgeschwader 2	Im Einsatz	Graz
Nachtschlachtgruppe 7	In Auflösung begriffen	Agram-Gorica
1./Nachtschlachtgruppe 7	In Auflösung begriffen	Graz
2./Nachtschlachtgruppe 7	In Auflösung begriffen	Agram-Gorica
3./Nachtschlachtgruppe 7	In Auflösung begriffen	Agram-Gorica
8. Jagddivision		Wolfsleithen
4.Nachtjagdgeschwader 100	Im Einsatz	Raffelding
Teilkommando 4. NJG 100	Im Einsatz	Proßnitz
3.(F)/Aufklärungsgrp. 121	Lw.Kdo 4 direkt unterstellt	Hörsching
1.(F)/Nachtaufklärungsgrp.	Lw.Kdo. 4 direkt unterstellt	Hörsching
Fernaufklärungsgruppe 4	In Auflösung, Lw.Kdo 4 unterstellt	Hörsching
2.(F)/Aufklärungsgrp. 11	In Auflösung Lw.Kdo 4 unterstellt	Kirchham
3.(F)/Aufklärungsgrp. 33	In Auflösung Lw.Kdo 4 unterst.	Kirchham
III./Transportgeschwader 3	Lw.Kdo 3 direkt unterstellt	Lindach
Luftkommando 8	Zusammenarbeit mit HGr. Mitte	Hermannstädtel
	Zusammenarbeit mit Pz.AOK 4	Görlitz
3. Fliegerdivision	Zusammenarbeit mit Pz.AOK 1	Olmütz
Nahaufklärungsgruppe 26	Im Einsatz	Olmütz/West
1./Nahaufklärungsgruppe 26	Im Einsatz	Olmütz/West
1./Nahaufklärungsst. 31	Im Einsatz	Zauchtel
1./Nahaufklärungsgruppe 14	Im Einsatz	Senoschat b.Dt. Brod
Panzeraufklärungsschwarm 4	Zusamamenarbeit mit Pz.AOK 1	Kosteletz
Schlachtgeschwader 4	Im Einsatz	Kosteletz
I./Schlachtgeschwader 4	Im Einsatz	Kosteletz
III./Schlachtgeschwader 4	Im Einsatz	Kosteletz
Einsatzteile des SG 4	Vormals I. und II./SG 4	Zauchtel
III./Schlachtgeschwader 10	Im Einsatz	Prerau
Nachtschlachtgruppe 4	Im Einsatz	Olmütz/Süd
2./Nachtschlachtgruppe 4	Im Einsatz	Olmütz/Süd
Jagdgeschwader 77	Im Einsatz	Proßnitz
I./Jagdgeschwader 77	Im Einsatz	Peterswald
II./Jagdgeschwader77	Im Einsatz	Proßnitz
Jagdgeschwader 52	Im Einsatz	Deutsch Brod
I./Jagdgeschwader 52	Im Einsatz ohne 1./JG 52	Deutsch Brod
10.(Pz)Schlachtgeschwader 9	Im Einsatz	Deutsch Brod
Gefechtsverband Weiß	Zusammenarbeit mit AOK 17	Schweidnitz

Einheit	Bemerkungen	Ort
Nahaufklärungsgruppe 4	Im Einsatz	Glaz-West
2./Nahaufklärungsgruppe 2	Im Einsatz	Olmütz/West
1./Nahaufklärungsgruppe 12	Im Einsatz	Schweidnitz
II./Schlachtgeschwader 77	Im Einsatz	Schweidnitz
3./Nachtschlachtgruppe 4	Im Einsatz	Ludwigsdorf
III./Jagdgeschwader 52	Im Einsatz	Schweidnitz
1./Jagdgeschwader 52	Im Einsatz	Alt Kemnitz
Gefechtsverband Rudel	Im Einsatz	Niemes/Süd
Schlachtgeschwader 2	Im Einsatz	Niemes/Süd
II./Schlachtgeschwader 2	Im Einsatz	Niemes/Süd
10.(Pz)/Schlachtgeschw. 2	Im Einsatz	Niemes/Süd
I./Schlachtgeschwader 77	Im Einsatz	Niemes/Ost
II./Jagdgeschwader 6	Im Einsatz	Görlitz
Nahaufklärungsgruppe 15	Im Einsatz	Reichenberg
1./Nahaufklärungsgruppe 15	Im Einsatz	Reichenberg
2./Nahaufklärungsgruppe 15	Im Einsatz	Reichenberg
12./Nachtaufklärungsst. 13	Im Einsatz	Josefstadt/West
12./Nachtaufklärungsst. 13	Absprunghafen	Görlitz
Panzeraufklärungsschwarm 5	Zusammenarbeit mit dem AOK 17	Reichenberg
Fernaufklärungsgruppe 3	Im Einsatz	Königgrätz
2.(F)Aufklärungsgrp. 100	Verband in Auflösung	Königgrätz
4.(F)/Aufklärungsgrp. 121	Im Einsatz	Königgrätz
1.(F)/Aufklärungsgrp. 121	Im Einsatz	Hohenmauth
4.(F)/Aufklärungsgrp. Nacht	Im Einsatz	Hohenmauth
Absprung-Kdo. 4.(F) Nacht	Im Einsatz	Prag-Rusin
Schlachtgeschwader 77	Im Einsatz	Pardubitz
III./Schlachtgeschwader 77	Im Einsatz	Pardubitz
II./Schlachtgeschwader 4	Im Einsatz	Königgrätz
III./Schlachtgeschwader 2	Im Einsatz	Milowitz bei Prag
7.(Erg.)/Jagdgeschwader 1	Im Einsatz	Liebenau
10.(Pz.)/Schlachtgeschw. 77	Im Einsatz	Görlitz
III.(Erg.)/Jagdgeschwader 1	Im Einsatz ohne 7. (Erg.)/JG 1	Görlitz
Jagdgeschwader 6	Im Einsatz	Reichenberg
I./Jagdgeschwader 6	Im Einsatz	Reichenberg
Verbindungsstaffel LwKdo 8	Im Einsatz	Chrudim
Transportfliegerführer	Im Einsatz	Prag-Rusin
I./Transportgeschwader 3	Im Einsatz	Tschakowitz
II./Transportgeschwader 2	Im Einsatz	Sbraslawitz
5./Transportgeschwader 2	Im Einsatz	Primislau
6./Transportgeschwader 2	Im Einsatz	Sbraslawitz
7./Transportgeschwader 2	Im Einsatz	Skutsch
III./Transportgeschwader 2	In Auflösung begriffen	Klattau

Einheit	Bemerkungen	Ort
Gruppe Herzog	FKB-Staffel und Teile der Schleppgruppe 1	Hohenmauth
Kampfgeschwader 4	Im Einsatz	Königgrätz
I./Kampfgeschwader 4	Im Einsatz	Königgrätz
III./Kampfgeschwader 4	Im Einsatz	Königgrätz
Luftwaffenkommando West	In Umwandlung und Umbenennung zur Lw-Division Nordalpen	Scheffau
7. Jagd-Division	In Auflösung begriffen	Zell am See
Nahaufklärungsgruppe 13	Ohne Flugzeuge vorhanden	Bad Reichenhall
1./Nahaufklärungsgruppe 13	Fliegende Teile bei 1.(F)/100	Hörsching
2./Nahaufklärungsgruppe 13	In Zusammenfassung zu einer	Bad Reichenhall
3./Nahaufklärungsgruppe 13	Einsatzstaffel	Bad Reichenhall
1.(F)/Aufklärungsgruppe 11	Im Einsatz	Hörsching
Jagdgeschwader 27	Stab ohne Flugzeuge vorhanden	Erdeinsatz
I./Jagdgeschwader 27	In Umwandlung zur Jagdgruppe	Zell am See
III./Jagdgeschwader 27	27 aus I. und III./JG 27	und Salzburg
Jagdgeschwader 53	Stab ohne Flugzeuge vorhanden	Erdeinsatz
Teile Jagdgeschwader 53	II., III. u. IV/JG 53 (unterstellt JG 300), in Umwandlung zur Jagdgruppe 53	zuletzt Prien
	Bodenteile II. und IV./JG 53	Erdeinsatz
Jagdgeschwader 300	Stab ohne Flugzeuge vorhanden	unbekannt
II./Jagdgeschwader 300	II. und III./JG 300 in Um-	Ainring
III./Jagdgeschwader 300	wandlung zur Jagdgruppe 300	
(Erg.)/Jagdgeschwader 1	Je eine Einsatzstaffel	Mühldorf und
	Restliche fliegende Teile JG 27	Erding
Nachtschlachtgruppe 1	Fliegende Teile	zuletzt Aibling
Nachtschlachtgruppe 2	Außer II./NSG 2 im Einsatz	zuletzt Pocking
Nachtjagdgeschwader 6	Verband in Auflösung und Umwandlung zu jeweils zwei Einsatzstaffeln mit je 15 Maschinen	unbekannt
I./Nachtjagdgeschwader 11	In Auflösung und Umgliederung zur Einsatzstaffel NJG 11	unbekannt
Transportgruppe 30	Dem Luftwaffenkommando West unmittelbar unterstellt	Salzburg
IX. Fliegerkorps (J)	Im Einsatz	Prag-Rusin

Einheit	Bemerkungen	Ort
JV 44	In Umwandlung und Umbenennung zur IV./Jagdgeschwader 7	Salzburg-Maxglan
Kampfgeschwader (Jagd) 6	Im Einsatz	Prag-Rusin
III./Kampfgeschwader 6	Im Einsatz	Prag-Rusin
Kampfgeschwader (Jagd) 54	Nur noch Bodenteile vorhanden	Holzkirchen
I./ und II./KG(Jagd) 54	Fliegende Teile des Verbands	Prag-Rusin
	Bodenteile	Holzkirchen
Jagdgeschwader 7	Bodenteile	Mühldorf
I./ und III./Jagdgeschw. 7	Fliegende Teile	Prag-Rusin
III./JG 7	Bodenteile	Mühldorf
Kampfgeschwader 51	Fliegende Teile	Prag-Rusin
I./Kampfgeschwader 51	Fliegende Teile	Prag-Rusin
I./Kampfgeschwader 51	Bodenpersonal in Verlegung	Prag-Rusin

Wie sehr die begonnene Umrüstung früherer Kampfverbände als Strahljäger im Bereich der angeschlagenen Reichsverteidigung Stückwerk blieb, zeigt die folgende Aufstellung. Inzwischen war es zur Bildung der Kampfgeschwader (Jagd) im Rahmen des IX. Fliegerkorps (Jagd) gekommen, die man zunächst mit einmotorigen Kolbenjägern, dann aber schwerpunkthaft mit der Me 262 A-1 ausrüsten wollte. Doch die beschränkte Fertigungskapazitäten verhinderten die massive Umstellung der Verbände auf das zweistrahlige Hochleistungsjagdflugzeug. Die meisten der im Frühjahr 1945 verfügbaren Strahler-Verbände hatten einen recht geringen Iststand aufzuweisen. Oftmals fanden sich — wie etwa beim KG 6 — nur wenige Me 262 A-1a-Jäger, von denen dann noch einige wegen fehlender Triebwerke oder Ersatzteile unklar blieben. Die mit modernen Düsenflugzeugen ausgerüsteten Einheiten waren am 28. April 1945 vielfach erst im Aufbau:

Luftflotte REICH	Generaloberst Stumpf
1.(F)/Aufklärungsgruppe 33 Einsatzkommando	Ar 234
1.(F)AufklGrp. 5	Ar 234
I./JG 1	He 162
10./NJG 11	Me 262
1.(F)/Aufklärungsgruppe 123	Ar 234
StabNAGr. 6	Me 262
1./NAGr. 6	Me 262
2./NAGr. 6	Me 262
Stab KG 76	Ar 234
II./KG 76	Ar 234
III./KG 76	Ar 234
Stab NAGr. 1	Me 262
1./NAGr. 1	Me 262
2./NAGr. 2	Me 262

Luftflotte 6	GFM Ritter von Greim	
1.(F)/100	Ar 234 Me 262	
Aufklärungskommando Me 262	Me 262	
JV 44	Me 262	umbenannt in JG 7 »Salzburg«
Stabsstaffel JG 1	He 162	
Stab KG 51	Me 262	umbenannt in KG 51 »Prag«
I./KG 51	Me 262	umbenannt in KG 51 »Prag«
II./KG 51	—	umbenannt in KG 51 »Prag«
13./EKG 1	Me 262	
Stab JG 7	Me 262	
I./JG 7	Me 262	
III./JG 7	Me 262	
I./KG(J) 54	Me 262	
Kommando Sommer	Ar 234	

Während der letzten Kriegstage im Mai 1945 mußten viele dieser Maschinen gesprengt werden, da es zumeist an Treibstoff (J2) mangelte und da eine Verlegung unmöglich war. Die letzten einsatzfähigen Staffeln und Reste der früheren Einsatzgeschwader zogen sich Anfang Mai 1945 in den Raum Prag zurück, von wo aus letzte Einsätze unternommen wurden. So flogen einige wenige Me 262 der III./KG(J) 6 zusammen mit den sieben Maschinen der I./KG 51 am 5.5.1945 als Gefechtsverband Hogeback (vormals KG 76) mehrere Jagd- und Schlachteinsätze über Böhmen. Noch am 8. Mai kam es mit der Me 262 zu einem wagemutigen Tiefangriff auf sowjetische Panzerkeile. Nachdem man alle unklaren Maschinen unbrauchbar gemacht hatte, hoben die vier letzten Piloten mit ihren Strahljägern ab und landeten schließlich in dem von amerikanischen Truppen besetzten Gebiet.

Der Zweite Weltkrieg hatte sein Ende gefunden.

Dem Versuchsnachtjäger Do 17 Z-7, »Kauz I«, folgte die Do 17 Z-10. Der »Kauz II« war ein dreisitziger Nachtjäger mit einem aus vier MG 17 und einem MG 151/20 bestehenden Waffenbug, Spanner-Gerät und lichtstarkem Suchscheinwerfer.

Als Musterflugzeug der Do 217 N-2 Baureihe flog bei den Dornier Werken in Friedrichshafen eine umgebaute Do 217 E-2 (WerkNr. 0174).

Die Ju 88 G-1 gehörte zum NJG 3, welches im Frühjahr 1945 in Grove stationiert war.

Ein gut gemeinter Wunsch für die Besatzung dieses Ju 88 G-6 Nachtjägers mit SN-2 Radar fand sich auf der Einstiegsklappe.

Weil seine Verwendung als Begleitjäger für den Tageinsatz durch mangelnde Geschwindigkeit und Wendigkeit eingeschränkt war, fand die Bf 110 als Nachtjäger ein neues Einsatzgebiet. Hier die Version G-4 mit SN-2 Radar, vier MG 17 und zwei MG 151/20 als Standardbewaffnung, die später deutlich verstärkt wurde.

Zur Erweiterung des eigenen Beobachtungsbereichs konstruierte Focke — Achgelis die einsitzige Fa 330 »Bachstelze«, einen gefesselten Drehflügler ohne Motorantrieb. Das Gerät hatte eine Länge von 4,47 m und einen Rotordurchmesser von 7,30 m. Der Hubschrauber war in nur sieben Minuten zu zerlegen.

Etwa im September 1939 begannen die Arbeiten am zweisitzigen Aufklärer und U-Bootjäger Flettner Fl 282. Im August 1941 fanden die ersten Bodenversuche mit der V1, später, am 30. Oktober 1941, der Freiflug der Fl 282 V2 statt. Ab August 1942 schlossen sich nahtlos Versuche in Travemünde sowie Landungen auf dem Deck des Flugsicherungsschiffs »Greif« an.

Die übungsmäßige Bergung eines Piloten mittels der Fl 282.

Zwei Flettner 282, die V 21 (CI+TU) sowie die V 23 (CI+TW), erhielten zusätzliche Sitze hinter dem Motor. Ab Juni 1944 befand sich die Fl 282 V 21 zur Teilüberholung in Schweidnitz.

Die Fa 223 war während des Krieges der größte deutsche Hubschrauber. Während des Fernflugs von Delmenhorst nach Berlin mußte die Fa 223 V 11 wegen eines Triebwerksschadens nahe einer Landstraße notlanden. Der Triebwerkwechsel wurde gleich dort vorgenommen.

Nahaufnahme der Kanzel einer Fa 223 mit Linsenlaffette. In dieser konnte ein MG 15 installiert werden.

Vom Sportplatz der Gebirgsjägerschule Mittenwald flog die Fa 223 V 16 zwischen dem 6. bis 23. September 1944 insgesamt 17 Landeplätze bis in einer Höhe von 2300 m NN (Dresdner Hütte) an, um ihre Gebirgstauglichkeit nachzuweisen.

Während einer Übung (29. September bis 5. Oktober 1944) brachte die Fa 223 V 16 sogar ein Infanteriegeschütz, Verpflegung und Munition auf etwa 1800 m in eine höhere Stellung am Wörnergrat. Dazu benötigte die Hubschrauberbesatzung 19 Flüge mit einer Gesamtdauer von 3 h 37 min. Ein Transport durch Mulis hätte dagegen mehrere Tage in Anspruch genommen.

Konnte der Drehflügler spezielle Transportaufgaben erfüllen, so war der Starrflügler, auf dem Foto sein wohl bekanntester Vertreter, die Ju 52, in der Transportkapazität noch immer weit überlegen.

Entladen einer schweren SC 250 aus dem geräumigen Rumpf einer Ju 52.

Auch als Sanitätsflugzeuge waren die Ju 52 Transporter unentbehrlich. Statt der Sitze für die Personenbeförderung (Version R) enthielt der Umrüstsatz S Halterungen und Tragbahren für Verwundete.

Eine der zahlreichen Ju 52, die nach Verwendung des Umbausatzes E als »Kistentransporter« bei den Transportgruppen der Luftwaffe flog.

Die Junkers Ju 252 in Glattblechausführung und Jumo 211F Reihenmotor galt als Nachfolgemuster der legendären Ju 52. Die V 6 war eines der 15 ab Ende 1941 in Dessau gebauten Flugzeuge, bevor die Entwicklung wegen des herrschenden Rohstoffmangels schließlich abgebrochen wurde.

Als mögliche Ausweichlösung entwickelte Junkers im Herbst 1943 die Ju 352 mit Holztragflächen und einem stoffbespannten Stahlrohrrumpf. Als Triebwerk kamen drei Bramo 323R-2 Motoren mit 1 000 PS Leistung zum Einbau. Bis zum Baustopp im August 1944 fertigte Junkers im Zweigwerk Fritzlar noch 44 Maschinen.

Im Sommer 1937 produzierte Junkers für die Lufthansa die Junkers Ju 90. Bei Kriegsbeginn standen diese Transportflugzeuge, wie hier die Ju 90 V 7 (ex »Baden« D-ADFJ, WerkNr. 90 0003, spätere Kennung GF+GH) im Kriegseinsatz.

Die Ju 90 V6, WerkNr. 4918, fand nach ihrem Erstflug am 30. Juli 1940 an der Ostfront Verwendung.

Auch das Verkehrsflugzeug Focke-Wulf 200 C tat in Luftwaffentarnung seinen Dienst. Diese Maschine diente der Reichsregierung als komfortables Reiseflugzeug.

Auftanken einer He 100 D-1. Nach Ablehnung des Jägerentwurfs wurde die Maschine zusammen mit einigen anderen zu Propaganda-Aufnahmen eingesetzt und mit imaginären Verbandskennzeichen versehen.

Feldmäßiges Auftanken einer Bf 109 E-3.

Mittels einer Handpumpe fördert ein Wart den Treibstoff aus einem Benzinfaß in den Rumpftank einer Bf 109 D-1 der 2./JG 71. Kesselwagen standen oftmals nicht immer in ausreichender Anzahl zur Verfügung.

Ein Ford V3000 mit Betriebsstoffkesselwagenauflieger, der sich bei mehreren Bomberstaffeln im Westen fand.

Überschlag einer Arado Ar 68 E. Das Flugzeug gehörte wahrscheinlich zum JG 26 »Schlageter«. Als Antrieb diente ein leistungsstarker Jumo 210 Da-Reihenmotor.

Ungewöhnlicher Parkplatz für eine Bf 109 C-1.

Diese Ju 52 stand einer He 177 bei der Landung im Wege und mußte als Totalverlust abgeschrieben werden.

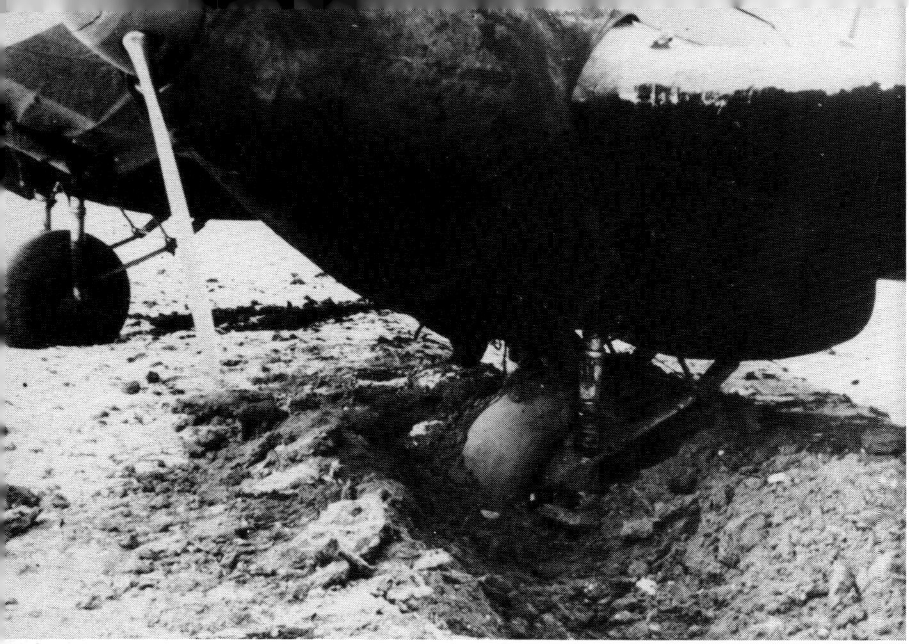

Landeunfall einer He 111 H-4 infolge des Abkommens von der Landebahn. Im aufgeweichten Boden blieb das Einsatzflugzeug schließlich leicht beschädigt hängen.

Nach einem nächtlichen Einsatz über Mittelengland überschlug sich diese Ju 88 A-5 des KG 30 infolge schlechter Platzverhältnisse.

Außer Kontrolle geriet diese Ju 88 A-4 des LG 1 in Italien. Erst zwei Wellblech-Barracken konnten die Maschine aufhalten.

Bei einem Tiefflug über das Meer berührten die Propellerblätter des Ju 88 D-1 Fernaufklärers die Wasseroberfläche und brachen ab.

Zur Reparatur des Fahrwerks und zum Wechseln des BMW 801 Triebwerks hob eine Feldwerft-Abteilung diese Do 217 K-1 der I./KG 6 mittels eines Preßluftsacks an.

Nahaufnahme der linken Triebwerksgondel mit DB 603 A einer auf dem Rumpfwerk gelandeten Do 217 N-2.

Abgestellte Ju 87 R-1 mit 300 l Abwurfbehälter unter der Tragfläche. Ohne Zusatztanks entsprach die Maschine der B-1 Serie.

Eine ungünstig getarnte Do 17 M des KG 2, zumal der übrige Flugplatz keinen Baumbewuchs besaß…

Bis auf die Antennen-Anlage der Bf 110 G-4 ist die Tarnung bereits erfolgt.

Eine gut getarnte He 177 A-3 der 8./KG 100 in Faßberg. Lediglich die Propeller hätte man noch mit einem Tarnnetz abdecken müssen.

1940 begannen umfangreiche Versuche zur Ausrüstung der Fi 156 mit Schneekufen in den Ötztaler Alpen.

Eine He 111 H-1 mit Kufenfahrwerk in Norwegen im Jahr 1941. Die Maschine gehörte zum KG 100 und trug die taktische Kennung 6N+AX.

Die Ju 87 D (D-INRE) wurde mit Schneekufen anstatt des Radfahrwerks ausgerüstet. Das Sonderfahrgestell wurde direkt an der Radgabel befestigt.

Mit einer Schutzplane ordnungsgemäß abgedeckte Bf 109 F, die WerkNr. 8195. Bei dieser Maschine waren ausnahmsweise die Fahrwerksbeine verkleidet.

In der Luft einer der schnellste Jäger seiner Zeit, doch am Boden auf die Hilfe von Ochsen-Gespannen angewiesen.

Alternative Schleppmittel auch bei dieser Go 242 A-2. Für Landungen auf kleinen Plätzen besaß die Maschine zusätzlich einen Bremsschirm von 5,0 m Durchmesser.

Beladung einer Ju 52 der KGr z.b.V. 400 im harten russischen Winter mittels Panje-Schlitten.

Verbindungsflugzeug Fi 156 C-3 der 4.(F) 121. Der Verpflegungsnachschub für das Flugplatzpersonal lief ausnahmsweise gleich auf dem Feldflugplatz herum.

Eine serienmäßige He 111 während der Kompaßjustierung. Davor Schafe, welche die Grasnarbe niedrig hielten.

Eine Bf 110 der Aufklärungsgruppe (F) 14 während des Einsatzes in Nordafrika.

Kühe grasen zwischen den bei Kriegsende mit demontierten Höhenrudern abgestellten Ju 88-Bombern auf einem Fliegerhorst in Norddeutschland.

Bildnachweis

Aders 2; Arena 2; Balke 3; Bekker 2; Creek 9; DLH 2; Dornier 8; Dressel 12; Filley 2; Flughafen Frankfurt AG 12; Griehl 16; Heck 4; Heinkel 29; Herrendorf 3; Hildebrand 1; Hiller, Dr. 2; Koos, Dr. 4; Kössler 4; Kustusch 6; Lorant 1; Lutz 21; Marchand 1; Mayer 5; MBB 14; Mohr 1; Nowarra 17; Pervesler 1; Petrick 6; Pölitsch 7; Price, Dr. 2; Radinger 9; Rehm 2; Riediger 3; Schliephake 7; Selinger, F. 3; Selinger, F.P. 5; Spork 3; Stapfer 3; van Mol 1; Voigt 1; Wittigayer 3; Zucker 11.